蓝莓在中国西南山地 与育种实践

李 凌 等 著

科学出版社
北京

内 容 简 介

本书介绍了蓝莓在我国西南山地的引种栽培及育种实践工作，汇集了作者团队近 20 年来在我国西南山地进行蓝莓引种、栽培及育种的若干研究结果。本书共 7 章，分别为蓝莓（越桔）概述、蓝莓的引种研究、蓝莓的繁殖技术和栽培管理技术、蓝莓的栽培基质研究、蓝莓的育种初探、蓝莓果实色素稳定性及抑菌性研究、蓝莓盆栽及家庭简易保存加工。

本书可以作为个体栽培者、农业院校师生、相关科技人员进行栽培、研究、教学等的参考书籍。

图书在版编目（CIP）数据

蓝莓在中国西南山地的栽培与育种实践/李凌等著. —北京：科学出版社，2020.6

ISBN 978-7-03-064432-9

Ⅰ. ①蓝…　Ⅱ. ①李…　Ⅲ. ①浆果类果树－果树园艺　Ⅳ. ①S663.2

中国版本图书馆 CIP 数据核字（2020）第 025538 号

责任编辑：冯　铂　刘　琳/责任校对：杜子昂
责任印制：罗　科/封面设计：墨创文化

科 学 出 版 社 出版

北京东黄城根北街 16 号
邮政编码：100717
http://www.sciencep.com

成都锦瑞印刷有限责任公司印刷

科学出版社发行　各地新华书店经销
*
2020 年 6 月第 一 版　开本：787×1092　1/16
2020 年 6 月第一次印刷　印张：9 3/4
字数：230 000

定价：99.00 元
（如有印装质量问题，我社负责调换）

《蓝莓在中国西南山地的栽培与育种实践》
编撰委员会

主要作者： 李　凌　谌　月　张　晴　李雪松　赵　康　林晓露

　　　　　　石　佳　陈　凌　陈玉峰　刘露露

其他作者（按姓名汉语拼音排序）：

　　　　　　郭　彪　黄泽梅　李宏平　鲁　艳　任广炼　王瑞芳

　　　　　　吴　雷　徐治朋　杨　艳　张　敏　张思悦　张文玲

　　　　　　郑　荷　郑文娟　周强英

前　言

越桔作为一种早期并不受人关注的野生小浆果，在中国的利用历史悠久，李时珍的《本草纲目》中就有中国人利用越桔的记载，提到越桔有顺气、消饱胀、益肾固精、强筋明目的功效。

目前全球广泛用作商业栽培的越桔栽培品种最早起源于北美，英文名称为"blueberry"。越桔果实成熟时表皮为蓝紫色，"blueberry"是否由此而来不得而知。英文中"berry"是浆果的名称，如同"strawberry"被直译为草莓，"blackberry"被直译为黑莓一样，"blueberry"不知何时被直译成了"蓝莓"。在互联网快速发展、资讯高度发达的今天，蓝莓这个名称已被广泛传播并已被大众接受，因此本书也将蓝莓作为越桔的名称。

目前在我国，蓝莓已经受到广泛关注，栽培面积也迅速扩大，成为年轻人推崇的新型小水果之一，其营养价值和保健价值也被广泛研究证实，但正规的中文名"越桔"却鲜为人知。《中国植物志》中记载，我国越桔属植物91种，24变种，2亚种。方瑞征（1986）指出：国产的各个种分布范围均在北半球。在我国境内集中在秦岭、长江以南广阔的亚热带山地，南至海南岛，西止于西藏定结，东到台湾。种类最多的地区是云南，其次是广东、广西、四川、贵州、西藏。华南和西南共计82种，占国产总数的90%。我国特有种49种。

目前公认，栽培越桔起源于北美，"blueberry"是杜鹃花科越桔亚科越桔属青液果组（sect. *Cyanococcus*）的栽培种。这个组的植物在《中国植物志》中没有记载。目前全球最重要的蓝莓栽培品种类型分为高丛越桔（highbush blueberry），来源于 *V. corymbosum* L.；兔眼越桔（rabbiteye blueberry），来源于 *V. ashei* Reade，与 *V. virgatum* Ait. 同义；矮丛越桔（lowbush blueberry），来源于 *V. angustifolium* Ait.。

1999年，蓝莓被作者团队引入重庆栽培，到2019年，除中国北方外，四川、重庆、云南、贵州等地均有了规模不等的商业蓝莓栽培，大型超市均可见到蓝莓鲜果及加工品。近20年的时间里，蓝莓从一种鲜为人知的精品水果逐渐变成了广受大众喜爱的时令水果，蓝莓采摘也成为初夏季节西南地区生态农业观光活动中一项广受欢迎的活动，这种巨变包含着西南地区大量的蓝莓栽培者和农业科技工作者的努力和汗水，其中也包括了作者微不足道的努力和成果。

本书是作者团队近20年引种、试验栽培和育种尝试的工作总结，共分为7章。第1章根据《中国植物志》（第五十七卷第三分册）的记载，结合作者团队多年部分野外实地调查所见，在全面检索 CAB 等重要农业数据库、仔细研读"Experiments in Blueberry Culture（1910）"（Frederick V. Coville）、"Blueberries"（Jorge B. Retamales，James F. Hancock）等原版书、持续关注北美蓝莓协会网站的基础上，对蓝莓的基本植物学特征、蓝莓的营养成分及2000年以后蓝莓对健康作用研究的部分文献进行了归纳总结。第2章根据公开资料，并在作者团队实际工作的基础上，对蓝莓在全球、中国及重庆的引种情况进行了简介。第3章介绍了蓝莓的组织培养快繁技术和适宜西南山地的蓝莓栽培技术要点。因为蓝莓在北美及欧洲、澳洲等的栽培历史都比中国悠久，我国北方的蓝莓引种和栽培工作先于西南地区，繁殖和栽培技术的研究文献众多，所以本章选择介绍了作者团队在获国家知识产权局授权的蓝莓增殖培养基配方和简易高效生根方法基础上的快繁技术体系的中试结果，还有作者团队采用的栽培技术要点，其余的繁殖方法和详细的栽培技术措施在本章未做赘述。第 4 章介绍了本团队利用西南地区最常见且价格便宜、容易取得的几种农作物秸秆替代泥炭的试验结果。第 5 章介绍了本团队采用甲基磺酸乙酯（EMS）诱变、染色体加倍和杂交对引进蓝莓品种进行改良的实验研究，获得了部分有希望的育种材料并进行了鉴定。第 6 章是作者团队对蓝莓果实色素的提取和抑菌效果的初步研究，研究结果显示出有意义的现象，希望能为后续的研究者提供参考。第 7 章介绍了蓝莓的盆栽技术要点和家庭简易加工保存方法，希望能为蓝莓爱好者的家庭盆栽和家庭简易保存加工操作提供帮助。

在近 20 年的时间里，我们陆续得到了重庆市科学技术委员会的科技攻关项目和农业科技成果转化项目资金的支持、科技部农业科技成果转化基金项目的资助，更得到了许多农业公司和个体栽培者的资金资助，使我们可以坚持近 20 年，通过了解、熟悉并逐步深入研究这种植物，为这种果树在西南地区的栽培及发展贡献我们的绵薄之力，最后要特别感谢学校科协对本书撰写和出版的大力支持！

本书是我们在西南地区进行蓝莓引种、试栽、繁殖、杂交、诱变研究等工作的总结，时间跨度近 20 年，有些研究目前看来参考价值有限，但为了给后续研究者提供帮助，我们仍历时近 2 年归纳整理资料，希望这份总结能为蓝莓栽培者、爱好者、农业院校师生和相关科研工作者提供帮助和参考。

由于作者的水平有限，书中的不足之处在所难免，（还有早期照片的清晰度受制于条件无法令人满意，）敬请广大读者谅解和批评指正！

李 凌 谌 月 张 晴 等

2019 年 10 月于西南大学

目　　录

第1章　蓝莓（越桔）概述 ………………………………………………………… 1
  1.1　蓝莓（越桔）的基本植物学特征 ………………………………………… 2
    1.1.1　越桔属最有经济价值的种和栽培越桔的起源 ……………………… 2
    1.1.2　我国越桔属植物在西南地区的分布及部分特有种 ………………… 3
  1.2　蓝莓的营养成分及特点 …………………………………………………… 6
  1.3　蓝莓对健康的作用 ………………………………………………………… 7
    1.3.1　蓝莓对眼健康的作用 ………………………………………………… 7
    1.3.2　蓝莓对心血管、抑制脂肪合成、抗炎症及糖尿病等的作用 ……… 8
    1.3.3　蓝莓抑制肿瘤作用的研究 …………………………………………… 10
    1.3.4　蓝莓对认知能力等的作用 …………………………………………… 11
    1.3.5　蓝莓对内脏器官等的作用 …………………………………………… 12
  参考文献 …………………………………………………………………………… 13
第2章　蓝莓的引种研究 …………………………………………………………… 17
  2.1　蓝莓在北美洲的栽培及全球引种简况 ………………………………… 17
  2.2　蓝莓在中国的引种简况 …………………………………………………… 17
  2.3　蓝莓在重庆地区的引种 …………………………………………………… 17
  参考文献 …………………………………………………………………………… 20
第3章　蓝莓的繁殖技术和栽培管理技术 ……………………………………… 21
  3.1　繁殖技术 …………………………………………………………………… 21
    3.1.1　蓝莓组织培养概述 …………………………………………………… 21
    3.1.2　外植体的选择及培养 ………………………………………………… 21
    3.1.3　生根 …………………………………………………………………… 22
  3.2　栽培管理技术 ……………………………………………………………… 24
    3.2.1　建园及定植 …………………………………………………………… 24
    3.2.2　生长期的栽培管理技术 ……………………………………………… 25
    3.2.3　蓝莓的采摘 …………………………………………………………… 28
  参考文献 …………………………………………………………………………… 30
第4章　蓝莓的栽培基质研究 …………………………………………………… 31
  4.1　影响蓝莓生长的土壤条件 ………………………………………………… 31
    4.1.1　土壤 pH ………………………………………………………………… 31
    4.1.2　土壤有机质含量 ……………………………………………………… 31
    4.1.3　土壤结构 ……………………………………………………………… 32
    4.1.4　菌根 …………………………………………………………………… 32

　　　4.1.5　土壤的水分及养分 ··· 32

　　4.2　土壤改良现状 ··· 33

　　　4.2.1　有机物料改良土壤 ·· 34

　　　4.2.2　调节土壤 pH ··· 35

　　4.3　不同有机物料对蓝莓‘Misty’生长发育的影响 ······················· 35

　　　4.3.1　材料与方法 ··· 36

　　　4.3.2　结果与分析 ··· 38

　　　4.3.3　结论与讨论 ··· 45

　　参考文献 ··· 45

第 5 章　蓝莓的育种初探 ··· 48

　　5.1　蓝莓育种的历史、现状 ·· 48

　　5.2　蓝莓 EMS 诱变育种研究 ··· 49

　　　5.2.1　试验材料 ·· 50

　　　5.2.2　试验方法 ·· 50

　　　5.2.3　结果与分析 ··· 54

　　5.3　蓝莓多倍体育种研究 ·· 64

　　　5.3.1　多倍体诱导材料的选择 ·· 65

　　　5.3.2　试验方法 ·· 65

　　　5.3.3　结果与分析 ··· 68

　　5.4　蓝莓染色体鉴定研究——6 株实生苗的核型分析及抗旱能力分析 ····· 87

　　　5.4.1　供试材料的选择 ··· 87

　　　5.4.2　试验方法 ·· 87

　　　5.4.3　结果与分析 ··· 88

　　　5.4.4　结论与讨论 ··· 92

　　5.5　蓝莓变异株的鉴定 ··· 93

　　　5.5.1　变异材料的筛选 ··· 93

　　　5.5.2　试验方法 ·· 94

　　　5.5.3　结果与分析 ··· 96

　　参考文献 ·· 106

第 6 章　蓝莓果实色素稳定性及抑菌性研究 ·· 109

　　6.1　蓝莓果实色素的提取研究 ·· 110

　　　6.1.1　材料与方法 ·· 110

　　　6.1.2　结果与分析 ·· 111

　　　6.1.3　结论与讨论 ·· 113

　　6.2　蓝莓果实色素的提取及稳定性等研究 ·· 114

　　　6.2.1　材料与方法 ·· 114

　　　6.2.2　结果与分析 ·· 115

　　　6.2.3　讨论 ·· 119

6.3 蓝莓果实色素抑菌活性的研究 ·· 120
 6.3.1 材料与方法 ·· 120
 6.3.2 结果与分析 ·· 121
 6.3.3 讨论 ·· 122
6.4 蓝莓等 3 种材料抗氧化活性的研究 ·· 123
 6.4.1 材料与方法 ·· 124
 6.4.2 结果与分析 ·· 126
6.5 蓝莓等 3 种材料抑菌活性的分析 ·· 128
 6.5.1 材料与方法 ·· 128
 6.5.2 结果与分析 ·· 130
 6.5.3 讨论 ·· 136
参考文献 ··· 136
第 7 章　蓝莓盆栽及家庭简易保存加工 ·· 138
7.1 果树盆栽概述 ··· 138
7.2 蓝莓盆栽技术研究 ·· 138
 7.2.1 选择的 5 种地被植物 H^+ 分泌能力比较研究 ···················· 139
 7.2.2 不同地被植物对土壤 pH 的影响 ···································· 139
 7.2.3 不同地被植物对蓝莓生长发育的影响 ····························· 140
7.3 蓝莓盆栽及管理技术 ·· 141
 7.3.1 容器的选择 ·· 141
 7.3.2 栽植方法 ·· 141
 7.3.3 管理技术 ·· 142
 7.3.4 整形修剪 ·· 143
7.4 蓝莓的家庭保存 ··· 143
7.5 蓝莓的家庭简易加工 ·· 144
 7.5.1 果酱或混合果酱 ·· 144
 7.5.2 果干 ·· 144
 7.5.3 果酒发酵和白酒浸泡 ·· 145
参考文献 ··· 145

第1章　蓝莓（越桔）概述

从 20 世纪中后期开始，有一种被称为"蓝莓"的小浆果在世界上开始变得非常流行，并且在 80 年代左右被引入中国。到 21 世纪初，随着互联网和自媒体在中国的普及，大众对蓝莓迅速熟悉起来。

蓝莓的英文名是"blueberry"，中文的"蓝莓"一词应该是来自英语直译。在植物分类学上，蓝莓属于杜鹃花科越桔亚科越桔属的灌木或小乔木，果实可以食用。英文中除"blueberry"外，越桔亚科还有一些常被人们食用的小浆果的名称，如"huckleberry""bilberry""cranberry""whortleberry""lingonberry"等。"huckleberry"在霍恩比（A. S. Hornby）原著、李北达编译的《牛津高阶英汉双解词典》（第 4 版）中被译为越桔，在第 9 版中被译为美洲越桔；美国梅里亚姆-韦伯斯特公司所编的《韦氏大学词典》（第 10 版）、英国 HarperCollins Publishers 出版的"Collins English Dictionary-Complete and Unabridged"（2003，第 6 版）中把"huckleberry"记为 Gaylussacia（白珠树属）植物；Frederick Vernon Coville 所著的"Experiments in Blueberry Culture（1910）"指出"huckleberry"为 Gaylussacia（白珠树属）的 Gaylussacia baccata。"bilberry"在某些字典中也被译为越桔，"Collins English Dictionary"（2003，第 6 版）中记载"bilberry"是一种起源于斯堪的纳维亚的越桔属植物，《牛津高阶英汉双解词典》（第 4 版，第 9 版）指出"bilberry"为起源于北欧的欧洲越桔，《韦氏大学词典》（第 10 版）指"bilberry"是越桔属植物。"cranberry"在《牛津高阶英汉双解词典》（第 4 版）中被译为越桔，在第 9 版中被译为越桔、小红莓。《韦氏大学词典》（第 10 版）指"cranberry"是越桔属的 V. oxycoccos 和 V. macrocarpon；"Collins English Dictionary"（2003，第 6 版）指"cranberry"是越桔属植物。"whortleberry"在《牛津高阶英汉双解词典》（第 4 版）中被指为"bilberry"，第 9 版没有收录该词。在"Collins English Dictionary"（2003，第 6 版）中"whortleberry"被指为"huckleberry"，拉丁学名为 V. myrtillus。在《韦氏大学词典》（第 10 版）中，"whortleberry"被指为欧洲越桔 V. myrtillus；"lingonberry"在《韦氏大学词典》（第 10 版）中被指为"cranberry"，《牛津高阶英汉双解词典》的第 4 版和第 9 版及"Collins English Dictionary"（2003，第 6 版）均没有收录该词。

目前得到公认的出版于 1910 年的由 Frederick Vernon Coville 所著的第一本蓝莓研究专著"Experiments in Blueberry Culture（1910）"的 13 页中指出："blueberry"是专指越桔属（Vaccinium）植物（"…for there the name blueberry is restricted to plants of the genus Vaccinium…"），而"huckleberry"是白珠树属植物（"…while the name huckleberry is applied with nearly the same precision to the species of the genus Gaylussacia…"）（Coville and Taylor, 1910）。同时，Frederick Vernon Coville 在专著中提到，即使在原产地美国，Vaccinium 和 Gaylussacia 的果实通常也被叫作"huckleberry"，因为除专家以外，普通人很难从形态学上将这两种果实区分清楚。

根据 Frederick Vernon Coville 的专著，蓝莓可以被理解为越桔属植物的统称，"huckleberry"

不是蓝莓。"cranberry""bilberry""lingonberry"等都是越桔属植物，都属于蓝莓。"whortleberry"在不同的词典中所指不同。2011 年，Retamales 和 Hancock 的专著"Bluberries"则进一步细化并指出：越桔属青液果组（sect. *Cyanococcus*）的栽培种称为"blueberry"，红莓苔子组（sect. *Oxycoccus*）的栽培种称为"cranberry"，越桔组（sect. *Vitis-Idaea*）的栽培种称为"lingonberry"，黑果越桔组（sect. *Myrtillus*）的栽培种称为"bilberry" 或"whortleberry"。

根据植物分类学，蓝莓的科学名称应该是"越桔"，或者可以更为准确地说蓝莓是越桔属青液果组的栽培种的统称。

在目前出版的关于蓝莓的诸多英文研究文献中，各种名称也多混用。在中文文献中，"blueberry"有 3 种名称："蓝莓""越桔""越橘"。《中国植物志》记录为"越桔"，本书根据《中国植物志》统一用"越桔"替代"越橘"。由于本书是作者团队 20 年研究结果的集合，较早时段的研究文献中使用的是"越桔"，后期研究文献则使用了比较通俗的"蓝莓"；本书的研究材料均为引进的栽培品种，属于越桔属青液果组植物，因此为了避免出现不必要的错误，本书保留了不同时段研究资料中的不同名称，所以本书叙述中所有的"蓝莓"="越桔"。

蓝莓最早被商业栽培是在北美洲。全球的蓝莓栽培也是以美国为起点逐渐向世界各国扩散。

蓝莓虽然是一种舶来品，但在李时珍的《本草纲目》中即有记载。在植物分类学中，越桔属于杜鹃花科越桔属。在恩格勒分类系统中，越桔属于被子植物门（Angiospermae）双子叶植物纲（Dicotyledoneae）合瓣花亚纲（Sympetalae）杜鹃花目（Ericales）杜鹃花科（Ericaceae）越桔属（Vaccinium）。在哈钦松系统中，越桔属于被子植物门（Angiospermae）双子叶植物纲（Dicotyledoneae）木本支（Lignosae）杜鹃花目（Ericales）杜鹃花科（Ericaceae）越桔属（Vaccinium）。在吴征镒分类系统中，越桔属于被子植物门（Angiospermae）蔷薇纲（Rosopsida）石南亚纲（Ericadae）石南目（Ericales）杜鹃花科（Ericaceae）越桔属（Vaccinium）。

越桔属植物分布非常广泛，在世界各地的热带、亚热带山地常绿阔叶林及山地灌丛常见，也广泛分布于欧洲、亚洲、美洲的温带针叶林下或高山沼泽、湿地、草原直至北极冻原。

1.1　蓝莓（越桔）的基本植物学特征

越桔属的基本特征主要有以下几点：灌木或小乔木；叶常绿，少数落叶；总状花序顶生、腋生或假顶生；雄蕊 10 或 8，稀 4；萼或萼筒通常完全与子房合生；花冠钟状、坛状或筒状；子房下位；花柱 1；中轴胎座，胚珠多数；浆果球形；种子多数，细小（中国科学院中国植物志编辑委员会，1991）。

越桔属植物全世界约有 400 种，33 组，集中在以下 4 个地区：东南亚热带高山，有 230 种以上，全部为常绿种并基本上是岛屿特有种；东亚温带、亚热带，从东喜马拉雅山脉到日本、苏联阿穆尔（与我国黑龙江省相邻），西南至越南北部，西北不越过我国各类森林界，有常绿种和落叶种；中南美洲，全部为常绿种；北美洲东部，以落叶种为主（方瑞征，1986）。

1.1.1　越桔属最有经济价值的种和栽培越桔的起源

目前认为越桔属最有经济价值的有 3 个种：*V. corymbosum* L.；*V. angustifolium* Ait.；*V. ashei* Reade。

这 3 个种在植物分类学中被归为越桔属青液果组（*Cyanococcus of Vaccinium*）（Gough and Korcak，1995），该组广泛分布在北美洲等地，《中国植物志》中没有该组的记录。这个组有 3 种染色体倍性：$2X(2n = 24)$、$4X(2n = 48)$、$6X(2n = 72)$（Luby et al.，1991；Vander Kloet，1988）。该组中最重要的种 *V. corymbosum* L.有二倍体、四倍体和六倍体，分布范围从加拿大南部直到美国得克萨斯和佛罗里达东部，该种的四倍体为天然四倍体。

据 Retamales 和 Hancock（2011）的资料，蓝莓栽培品种起源于杜鹃花科越桔亚科越桔属的 4 个组：青液果组（sect. *Cyanococcus*）、红莓苔子组（sect. *Oxycoccus*）、越桔组（sect. *Vitis-Idaea*）和黑果越桔组（sect. *Myrtillus*）。

据《中国植物志》（57 卷第 3 分册，1991），除青液果组（*Cyanococcus*）外，其余 3 组在中国都有分布，其中黑果越桔组有 1 种分布于我国新疆（本组共 13 种），越桔组有 9 种分布于我国云南、西藏、四川（本组共 12 种），红莓苔子组有 2 种分布于我国东北部（本组共 3 种）。

目前全球最重要的蓝莓栽培品种群有如下几种。

高丛越桔（highbush blueberry），来源于 *V. corymbosum* L.。

兔眼越桔（rabbiteye blueberry），来源于 *V. ashei* Reade，与 *V. virgatum* Ait. 同义。

矮丛越桔（lowbush blueberry），来源于 *V. angustifolium* Ait.。

高丛越桔品种群根据需冷量又可细分为北高丛越桔和南高丛越桔，半高丛越桔是高丛越桔和矮丛越桔的杂交种。

我国目前广泛用于商业栽培的蓝莓的栽培品种均引自国外，绝大多数地区引种栽培的是高丛越桔，在云南、贵州等地兔眼越桔引种栽培较多。

1.1.2　我国越桔属植物在西南地区的分布及部分特有种

越桔属植物在中国的分布非常广泛，我国越桔属植物的重要分布区域是东北及大、小兴安岭一带，新疆也有分布，西南（云南、四川）、华南（广西）一带，甚至海南岛、台湾都有该属植物分布。

据《中国植物志》记载，我国有越桔属植物 91 种，24 变种，2 亚种，可分为 15 组（越桔属共约 400 种，33 组）。从分布地域看，我国越桔属的各个种的分布范围集中在秦岭、长江以南广阔的亚热带山地，南至海南，西止于西藏，东至台湾。我国越桔属种类最多的地区是云南，其次是广东、广西、四川、贵州、西藏。西南和华南共有越桔属植物 82 种，占我国总数的 90%。我国特有种有 49 种（方瑞征，1986；方瑞征和吴征镒，1987）。

我国越桔属有 8 组为常绿灌木或小乔木，主要分布在我国西南、华南、华东等地，包括南烛组（大约 42 种，我国有 7 种，主要分布在西南、华南、华东）、坛花组（共 25 种，我国有 18 种，主要分布在华南、西南）、贝叶组（共 15 种，我国有 13 种，主要分布在西南、华东、台湾）、假轮叶组（已知 10 种，我国有 9 种，主要分布在云南、西北和西藏东南部）、大叶越桔组（共 25 种，我国有 24 种，主要分布在西南、华南）、假头花组（1 种，产于我国云南）、越桔组（已知 12 种，我国有 9 种，主要分布在云南、西藏、四川）、单花越桔组（已知 2 种，我国有 1 种，分布在西藏东南部）（中国科学院中国植物志编辑委员会，1991）。

分布于我国西南、华南、东南直至台湾的部分具有优良性状的常绿越桔种主要有以下几种。

（1）果实成熟期较早的种

短序越桔 [*V. brachybotrys*（Franch.）Hand.-Mazz.]，四川西部和西南部、云南，果期 4～5 月。

红梗越桔（*V. ardisioides* Hook. F. ex C. B. Clarke），中国云南、缅甸，果期 5 月。

纸叶越桔（*V. kingdon-wardii* Sleumer），西藏波密、墨脱，果期 4～6 月。

轮生叶越桔（*V. venosum* Wight），西藏墨脱，花期 12 月至翌年 1 月，果期为春季。

以上几个种分布在四川、云南、西藏等地，特点是果实成熟时间早。如果能作为育种亲本材料与引入的南高丛越桔进行杂交，有望能培育出成熟期在 5 月甚至早于 5 月的早熟和极早熟越桔栽培品种。

（2）果实成熟期晚的种

云南越桔 [*V. duclouxii*（Levl.）Hand.-Mazz.]，见于四川西南、云南东南及西北，果期 7～11 月。

瑶山越桔（*V. yaoshanicum* Sleumer），产于广东、广西，果期 7～11 月。

南烛（*V. bracteatum* Thunb.），产于台湾、华东、华中、华南及西南，分布于海拔 400～1400m，果实成熟后酸甜可食，果期 8～10 月，枝叶榨汁后可浸米煮成"乌饭"。此种在重庆地区也广泛分布，作者在北碚缙云山林间、金佛山林间，以及重庆辖区内的很多区县的林间都曾见过。灌丛矮小，新叶红色，叶片急尖，叶厚。

大叶越桔（*V. petelotii* Merr.），分布于中国云南东南部和越南北部，分布于海拔 1100～1700m。浆果直径 6～9mm，果期 11 月至翌年 8 月。

临沧乌饭（*V. lincangense* Fang et Z. H. Pan），分布于云南西南部，分布海拔较高，为2200～2700m。浆果直径 6～9mm，果期 10～12 月。

樟叶越桔原变种（*V. dunalianum* var. *dunalianum* Wight），产于四川、贵州、云南、西藏，分布于海拔 700～3000m。全株可药用。浆果直径 4～12mm，果期 9～12 月。

草莓树状越桔（*V. arbutoides* C. B. Clarke），产于云南、西藏，分布于海拔 2500m。浆果直径 6～7mm，果期 11 月。

峦大越桔（*V. randaiense* Hayata），见于台湾、湖南、广东、广西东北至西南、贵州。浆果直径 5～6mm，果期 10～11 月。

长尾乌饭（*V. longicaudatum* Chun ex Fang et Z. H. Pan），产于湖南、广东、广西。果期 11 月。

西南越桔（*V. laetum* Diels），产于四川、贵州、云南，分布于海拔（400～）790～2000m。果期 7～10 月。

短梗乌饭（*V. brevipedicellatum* C. Y. Wu ex W. P. Fang & Z. H. Pan），产于云南。果期6～10 月。

长萼越桔（*V. craspedotum* Sleumer），产于云南。果期 8～11 月。

林生越桔（*V. sciaphilum* C. Y. Wu），产于云南。果期 9～11 月。

粉果越桔（*V. papillatum* P. E. Stevens），产于云南。果期 9～11 月。

四川越桔（*V. chengae* Fang），产于四川峨眉。果期 11 月。

目前引种到重庆、四川等地栽培的蓝莓栽培品种，成熟期基本都在 5 月中下旬至 6 月底，成熟期较早。除兔眼越桔外，西南地区 7 月开始基本无鲜果可采。

我国西南地区与北方引种越桔较早的区域相比，有比较特殊的气候和土壤条件，尤其是重庆低海拔地区，春季气温回升快，2 月底 3 月初越桔即可露地开花，极少霜冻，秋季直到 11 月底气温才开始明显降低，越桔生长期远远长于北方地区。

如果利用这些广泛分布在西南地区的野生种作为育种亲本材料，有希望培育出早熟、极早熟和晚熟、极晚熟的越桔栽培品种，可以大大延长越桔在西南地区的鲜果采摘期。这些野生种中有些果实较大，如大叶越桔、临沧乌饭等，浆果直径可达 1cm，应该是极优良珍贵的育种亲本材料。

（3）分布海拔较低的种

刺毛越桔（*V. trichocladum* Merr. et Metc.），广泛见于安徽、浙江、江西、福建、广东、广西、贵州，分布于海拔 480～700m。

短尾越桔（*V. carlesii* Dunn），分布于安徽、浙江、江西、福建、湖南、广东、广西、贵州等，分布海拔较低，为 270～800（～1230）m。

镰叶越桔（*V. subfalcatum* Merr. ex Sleumer），产于广东、广西，分布于海拔（100～）300～860m。

以上野生种分布海拔较低且分布广泛，应该具有对环境较强的适应性和较低的需冷要求，如果作为杂交亲本材料，有望培育出耐热、需冷量低、适应低海拔地区栽培的越桔品种。

（4）乔木越桔

广东乌饭（*V. guangdongense* Fang et Z. H. Pan），产于广东，常绿乔木，高可达 6m，分布于海拔 890m。此种需冷量估计不高，且是乔木，应该也是一个极好的育种亲本材料。

我国越桔属的 91 个种中，大部分种分布在西南、华南、东南，甚至海南、台湾。这些为常绿种，大部分种分布的海拔为 1000～3000m；有少数种分布广泛，还有些种分布的海拔较低，在 200～400m，多样性广泛，应该加强研究，同时可以作为育种亲本材料使用，有望培育出成熟期早（5 月左右或更早）、成熟期晚（7 月以后）、需冷量低（可以在海拔 200～400m 栽培）的具有自主知识产权的越桔新品种。

据在重庆、四川、贵州、云南等地区的观察，南高丛越桔和兔眼越桔的部分品种对土壤适应性良好，生长势旺盛，如果与野生种杂交，有望培育出土壤适应性好、生长势旺、管理容易、叶片红色期较长的新品种，此类品种除用于商业栽培外，在园林中应该也有非常大的应用潜力。

1.2　蓝莓的营养成分及特点

在栽培蓝莓的起源地北美洲，人们有采集并食用野生蓝莓果实的习惯，并认为食用野生蓝莓果实对健康有益；在中国古代，人们也有采集并利用乌饭叶片的习惯，认为常食乌饭叶片有轻身明目的作用。后来蓝莓果实的营养成分被分析测定，结果见表 1-1。蓝莓营养成分的特点是：高纤维素、低脂低钠、高维生素、高矿物质、高酚类和花青素（类黄酮）。

表 1-1　蓝莓果实的营养成分（引自美国农业部国家营养数据库，2018 年 4 月 1 日更新）

项目	每 100g 数值	项目	每 100g 数值
水（g）	84.21	维生素 C（mg）	9.7
能量（kcal[①]）	57	维生素 B_1（mg）	0.037
蛋白质（g）	0.74	维生素 B_2（mg）	0.041
总脂（g）	0.33	烟酸（mg）	0.418
碳水化合物（g）	14.49	维生素 B_6（mg）	0.052
纤维素（g）	2.4	叶酸（μg）	6
糖（g）	9.966	维生素 A,RAE（μg）	3
钙（mg）	6	维生素 A,IU（IU）	54
铁（mg）	0.28	维生素 E（mg）	0.57
镁（mg）	6	维生素 K（μg）	19.3
磷（mg）	12	总饱和脂肪酸（g）	0.028
钾（mg）	77	总单不饱和脂肪酸（g）	0.047
钠（mg）	1	总多不饱和脂肪酸（g）	0.146
锌（mg）	0.16		

随着分析设备越来越先进，大量研究资料表明，蓝莓富含花青素、多酚（Kalt et al.，2001；Moyer et al.，2002；Lee et al.，2004；Madhujith and Shahidi，2004；Arranz et al.，2010）。而且花青素和多酚对人类健康的益处也被大量的实验研究所证实。

目前最新的研究资料是 2019 年 Mary H. Grace 等用高效液相色谱-离子阱-飞行时间质谱法（HPLC-IT-TOF/MS）检测了 6 个蓝莓杂种和一个矮丛蓝莓样品中多酚的种类和含量，共分离出 37 种酚类成分，鉴定出了花青素（anthocyanidin）、黄烷-3-醇（flavan-3-ol）、黄酮醇（flavonol）、酚酸（phenolic acid）和白藜芦醇（resveratrol）共 5 类多酚成分。其中分离鉴定出的花青素有 22 种，有 3-半乳糖苷飞燕草素、3-葡萄糖苷飞燕草素、3-阿拉伯糖苷飞燕草素、Dp-3-(ac-glc)（含量极微）4 种飞燕草色素，以及 5 种碧冬茄色素、5 种锦葵色素、4 种芍药色素、4 种矢车菊色素；黄烷-3-醇有 4 种（原矢车菊色素 B_1、儿茶酚、原矢车菊色素 B_2、表儿茶酸）；黄酮醇有 6 种（月桂烯-葡萄糖苷、槲皮素-葡萄糖/半乳糖苷、槲皮素-阿拉伯糖苷、山柰酚-葡萄糖苷、紫丁香葡萄糖苷、槲皮黄酮）；酚酸 4 种（没食子酸、2，4-水杨酸、咖啡酸和绿原酸）。

---

① 1kcal = 4.184×10³J

有研究证明，真空冷冻保存对蓝莓多酚有保护作用（Orellana-Palma et al.，2017）。

1.3　蓝莓对健康的作用

蓝莓有益于人体健康的说法很多，在北美洲和世界上很多其他国家，蓝莓确实非常受欢迎，价格也一直比较高。2018 年 6 月，作者在加拿大的安大略省、艾伯塔省和不列颠哥伦比亚省的超市见到蓝莓鲜果售价依然高于其他水果。市场上还有不少以蓝莓为原料或主要原料的加工品、保健食品，在网络上也可以看到大量介绍蓝莓有益健康的二手甚至三手资料，绝大部分资料出处不明确。

目前认为蓝莓对人体健康的益处主要表现在以下几个方面：对心血管系统有保健作用；可以抗衰老；抗氧化及抗炎症；对大脑有益；对治疗糖尿病和胰岛素抵抗性（耐受性）有益；可以抑制某些癌症；保护和增进视力等。

检索了 CAB、AGRIS、AGRICOLA、ERIC（教育资源信息中心）、Food Science and Technology Abstracts 等数据库，2013 年至 2018 年初，有关蓝莓的研究文献有 4500 多篇，其中有相当多的研究文献就蓝莓对人体健康的作用进行了深入的研究。下文里引用的文献中除 2 篇综述外，其余均为 1 次文献。

1.3.1　蓝莓对眼健康的作用

眼干燥症（俗称干眼病）是与年龄相关的，表现为眼睛不舒服、视觉障碍、泪液膜不稳定等的一类疾病。目前确认环境因素会导致眼干燥症，尤其随着电视、手机的迅速普及，人群中感觉眼胀、干涩、头疼的比例迅速增加。另外，暴露在污染物中、紫外线辐射、臭氧、长期使用眼药水（如治疗青光眼）等因素会导致氧化胁迫和眼睛炎症增多。目前老年和青少年、年轻白领眼干燥症的发病率明显上升。

Sophia 和 Louis（2018）在发表于《眼科学杂志》的一篇综述文章中指出：眼表皮组织中活性氧（ROS）水平和保护酶［超氧化物歧化酶（SOD）、过氧化物酶、过氧化氢酶（CAT）、线粒体氧化酶］活性失衡会导致眼睛出现氧化损伤，甚至炎症。细胞学、动物学和临床研究都证明眼干燥症中氧化胁迫扮演着重要角色。一些介入性研究认为在典型眼干燥症的治疗中应该把减轻氧化胁迫作为直接治疗目标，在临床实验中采用维生素 B_{12} 眼药水和碘电离子透入疗法来治疗眼干燥症。动物实验表明，α-硫辛酸（alpha-lipoic acid，ALP）和硒蛋白 P 对降低眼胁迫可以起到良好的作用。离体实验表明，蓝莓中的左旋肉碱（L-carnitine）和紫檀芪（pterostilbene）可以降低眼睛受到的氧化胁迫。该文还指出眼睛表面氧化胁迫的研究在未来将会受到越来越多的关注。

Huang 等（2018a）研究了蓝莓花青素对高糖引起的人类视网膜微血管内皮细胞损伤的作用。他们发现蓝莓花青素提取物及其主要成分锦葵色素、3-葡萄糖苷锦葵色素、3-半乳糖苷锦葵色素可以提高视网膜微血管内皮细胞活力，减少活性氧种类，提高过氧化氢酶和超氧化物歧化酶的活性。他们认为蓝莓花青素是通过抗氧化和抗炎机制来保护人类视网膜微血管内皮细胞的。

Huang 等（2018b）还研究了蓝莓花青素对 H_2O_2 诱导的人类视网膜上皮细胞氧化损伤

的保护作用,研究结果支持蓝莓花青素是通过抗氧化机制来抑制与年龄相关的持续的视网膜黄斑变性的假说。

Liu 等（2015）研究了蓝莓多酚对可见光诱导的视网膜不饱和脂肪酸脂质过氧化的抑制效果。在食物中添加蓝莓,延长光照时间后,二十二碳六烯酸（DHA）和花生四烯酸（AA）都发生了脂质过氧化,视网膜上皮细胞中氧化的不饱和脂肪酸表现出细胞毒性并明显抑制了细胞的生长。研究发现:槲皮黄酮（蓝莓多酚的主要成分）对可见光诱导的 DHA 脂质过氧化的抑制效果强于花青素和酚酸。蓝莓多酚能够抵抗光诱导的视网膜损伤、保护视网膜的作用在活体试验中得到了确认。研究结果认为抑制视网膜上不饱和脂肪酸脂质过氧化可能是抗氧化物质滋养保护眼睛的一种重要的功能机制。

Tremblay 等（2013）用 38 只白化 Wistar 鼠和 25 只棕色 Norway 鼠,在强光（1.8×10^4lx）照射 2h 后,分别连续饲喂 7 周和 2 周强化的蓝莓汁 1ml（约等于 2.8mg 花青素-3-葡萄糖苷）,对照组小鼠喂安慰剂（绿原酸）7 周,然后通过测定视网膜电流来检查视网膜的健康状况。结果发现:对照组两种小鼠的视网膜损伤均非常严重,处理组中饲喂蓝莓 7 周和 2 周的白化鼠的视网膜损伤则很轻;两种饲喂时间之间的差异不显著;饲喂蓝莓对棕色鼠的保护作用不明显。视网膜切片证实了视网膜电流法的结果。

1.3.2　蓝莓对心血管、抑制脂肪合成、抗炎症及糖尿病等的作用

Basu 等（2010）发现蓝莓可以通过改善代谢综合征来减少患肥胖症的男性和女性的心血管病风险。

Khanal 等（2012）等发现蓝莓对心血管有益。

Figueira 等（2016）等发现蓝莓有抗炎症的作用。

Baba 等（2017）发现蓝莓有抗癌和抗突变作用。

Del Bo 等（2017）研究发现食用蓝莓可以明显改善吸烟者和不吸烟者的外周动脉功能紊乱。

Johnson 等（2017）采用随机双盲临床试验,对 40 位年龄在 45～60 岁的更年期女性随机分组,一组每天服用 22g 冻干高丛蓝莓粉,另一组服用 22g 安慰粉剂,连续 8 周。在试验开始、4 周、8 周时,连续测定一种衡量 DNA 损伤的血液生化标记物 8-羟基脱氧鸟苷（8-OHdG）。结果显示:与对照组（服用安慰粉剂）相比,在第 4 周时,服用冻干高丛蓝莓粉的处理组的女性血液中 8-羟基脱氧鸟苷（8-OHdG）水平显著降低。实验结果表明,每天食用蓝莓,只需 4 周,患有早期和 1 期高血压的更年期女性血液中的衡量 DNA 损伤的生化指标便得到改善。

Aranaz 等（2017）用冻干的草莓-蓝莓粉（FDSB,饲喂量 5g/kg,草莓:蓝莓为 5:1）饲喂 Wistar 鼠,发现饲喂了 FDSB 的实验小鼠的体重增加、食物吸收和内脏脂肪积累均受到抑制;给高脂高糖饮食的实验鼠添加 FDSB,可以降低胰岛素抗性和维持血糖水平;还发现饲喂 FDSB 的小鼠在没有改变其他代谢综合指标的情况下降低了炎症指标单核细胞趋化蛋白-1（Mcp-1 水平）;发现饲喂 FDSB 抑制了实验鼠腹膜后脂肪细胞的生脂特异基因的表达;进一步研究发现,FDSB 通过抑制脂肪形成过程中的脂肪形成转录因子 Pparg 和 Cebpa 来抑制脂肪形成特异基因的表达。在离体实验条件下也发现 FDSB 抑制了脂肪形成。

Kim 等（2017）对 12 位年轻女性进行分组，每天服用 1g 维生素 C 或 240ml 蓝莓汁（总酚 300mg 和原花青素 76mg），连续 2 周，然后分析了尿液中 8-羟基脱氧鸟苷和丙二醛水平，血液中 NAD(P)H 醌氧化还原酶 1（*NQO1*）、亚甲基四氢叶酸还原酶（*MTHFR*）和 DNA 甲基化转移酶（*DNMT1*）基因总的和特异性的 DNA 甲基化水平。结果表明：除维生素 C 外，尿中 8-羟基脱氧鸟苷水平也可以通过食用蓝莓而降低；亚甲基四氢叶酸还原酶的甲基化水平在服用蓝莓的实验组中显著降低。研究结果还表明：尿中 8-羟基脱氧鸟苷的水平和 *MTHFR* 或 *DNMT1* 的甲基化呈正相关（$P \leqslant 0.05$）。Kim 等认为蓝莓汁能表现出与维生素 C 一样的抗氧化和抗前突变活性，可以作为人类 *MTHFR* 或 *DNMT1* 的甲基化抑制剂。

Nair 等（2017）给患有代谢综合征的成人持续 6 周补充蓝莓，发现补充蓝莓的实验组与服用安慰剂的对照组相比，实验组成人血液中的髓样树突状细胞显著增加（$P \leqslant 0.05$），肿瘤坏死因子 α（tumor necrosis factor alpha，TNF-α）、白细胞介素 6（interleukin-6，IL-6）、Toll 样受体 4（Toll-like receptor 4，TLR4）的单核细胞基因表达水平显著降低（$P \leqslant 0.05$），血清中粒细胞-巨噬细胞集落刺激因子（granulocyte macrophage colony-stimulating factor，GMCSF）水平显著降低（$P \leqslant 0.05$）。研究结果确认：蓝莓能表现出免疫调节效应，并能减弱氧化胁迫和炎症反应。

Taverniti 等（2017）采用不同食物并伴随口服益生菌 *Lactobacillus helveticus* MIMLh5 的方法来研究预防小儿咽喉炎的可能性。他们发现半乳甘露聚糖有可能防止链球菌 *Streptococcus pyogenes* 黏附在咽喉上皮细胞上；同时也发现富含花青素的野生蓝莓提取物在人类巨噬细胞系 U937 上表现出抗炎症效应。他们还发现野生蓝莓提取物在 MIMLh5 激发的鼠树突状细胞中降低了干扰素-β 的表达，从而使促炎性细胞因子 1L-12 和 TNF-α 水平降低。他们认为：不同的食物可以表现出预防感染的潜力和调节人体免疫的作用。

Bharat 等（2018）研究了蓝莓代谢产物对脂毒性引起的内皮功能紊乱的减缓效果。他们使用棕榈酸酯或废气处理人类主动脉内皮细胞（human aortic endothelial cell，HAEC）5h，用蓝莓花青素（锦葵色素-3-葡萄糖苷、矢车菊色素-3-葡萄糖苷）和蓝莓代谢产物（羟基马尿酸、马尿酸、苯甲酸-4-巯基硫酸盐、异香草酸-3-巯基硫酸盐、香草酸-4-巯基硫酸盐）处理人类主动脉内皮细胞（HAEC）6h。结果发现：经棕榈酸酯或废气处理的 HAEC 的活性氧增加，NOX4、趋化因子、黏附分子等 mRNA 增加。而 HAEC 的损伤可以被蓝莓代谢产物改善，但该代谢产物不是花青素。研究结果认为：对人类心血管起有益作用的是蓝莓花青素的代谢产物而不是花青素。

Grace 等（2019）进行了蓝莓样品抗氧化等的研究。结果表明：离体细胞的抗氧化和抗炎症检测证明总酚中的花青素与生物活性密切相关；总酚与总花青素含量显著相关；在蓝莓含量为 250μg/ml（6 种蓝莓杂种）和 50μg/ml（矮丛蓝莓）时便能减少活性氧和一氧化氮的产生，能够抑制细胞炎症因子白细胞介素 6β（IL-6β）、环氧合酶 2（COX2）、诱导型一氧化氮合酶（iNOS）、白细胞介素 6（IL-6）的转录。

Lewis 等（2018）进行动物实验，将实验鼠分为 3 组，分别饲喂低脂、高脂、高脂加 4%（质量比）蓝莓，持续饲喂 8~12 周。结果表明，添加蓝莓可以减轻高脂饮食引起的肥胖症状。此研究证明在食物中添加蓝莓可以保护 T 细胞和免疫功能，抵抗高脂饮食引起的损伤。

Ben Lagha 等（2018）研究了高丛蓝莓的原花青素对放线共生放线杆菌（*Aggregatibacter actinomycetemcomitans*）的毒性作用和巨噬细胞炎症反应的作用。结果发现，蓝莓原花青素可以抑制放线共生放线杆菌的生长。原花青素的抗菌活性与细菌细胞膜的破坏有关。

2010 年，Basu 等发现蓝莓对糖尿病患者有益。

2010 年，Stull 等发现蓝莓可以提高肥胖病、抗胰岛素的患者（男性和女性）对胰岛素的敏感性。

2015 年，Stull 等在一个随机、双盲、对照服用安慰剂的临床研究中发现每天食用蓝莓连续 6 周，处理组和对照组之间人群血压和胰岛素敏感性没有明显变化，但心血管内皮功能可以得到明显改善。

Stull（2016）提到，流行病学数据支持在饮食中添加蓝莓可以降低 II 型糖尿病发展风险的观点，但认为这些临床和早期临床研究的结论并不确定而且样本量太小，还需要进行长期的、随机的安慰剂试验以确认蓝莓在预防或延缓 II 型糖尿病中的作用。

Crespo 和 Visioli（2017）综述了"蓝莓（包括 bilberry）在抑制心血管代谢改变上的潜力（侧重糖尿病）"。该文献提到部分流行病学研究认为增加花青素的摄入可以降低心血管疾病和高血压风险，认为增加摄入花青素含量高的水果可以降低 II 型糖尿病的风险。该文献着重评价了支持来自蓝莓等水果的花青素抗糖尿病的有效证据，花青素的"药理-营养"，以及预防和治疗 II 型糖尿病的细胞和分子机制。结论是：动物实验和体外研究强烈支持蓝莓（包括 bilberry）具有改善 II 型糖尿病和心血管代谢的潜力。当然，还缺乏相应的临床研究，同时还需要应用现代设备分析这些食品（或归结为保健营养品）的药学和营养学成分。

Cutler 等（2018）研究了蓝莓代谢产物（blueberry metabolite，BBM）修复糖尿病患者主动脉内皮细胞的细胞表皮氨基葡聚糖（glycosaminoglycan，GAG）和减缓内皮炎症的效果。用正常健康人和糖尿病患者体内分离出的主动脉内皮细胞与蓝莓代谢产物共培养 3d，然后进行了一系列分析测定。结果显示：蓝莓代谢产物可以抑制糖尿病诱导的单核细胞与内皮细胞结合，减少炎性标记物的表达；糖尿病患者主动脉内皮细胞表现出放射性 ^{35}S 水平的降低（用放射性 ^{35}S 标记了细胞表皮氨基葡聚糖中的硫），GAG 水平得到修复。GAG 的成分、硫酸乙酰肝素/硫酸软骨素值、双糖成分组间无差异。该研究认为：蓝莓代谢产物可以修复糖尿病患者主动脉内皮细胞表面的 GAG，减轻内皮细胞炎症。该研究者建议：在改善糖尿病患者血管并发症的传统疗法中，食用蓝莓也许是一个有益的补充。

1.3.3　蓝莓抑制肿瘤作用的研究

给患三阴乳腺癌的老鼠饲喂高脂饮食会促进肿瘤增大、溃疡增多、扩散面增加（对照组为低脂饮食）。在高脂饮食中添加 5% 全蓝莓粉以后观察到，老鼠的肿瘤缩小、溃疡减轻、扩散较少，表现出与低脂饮食相同的效果。研究结果认为：蓝莓是通过调控特殊的细胞激素代谢途径来降低与三阴乳腺癌相关的炎症反应，从而抑制肿瘤的生长（Kanaya et al.，2014）。

给患肝癌老鼠饲喂兔眼越桔汁，发现癌细胞的转移、扩散受到抑制（Zhan et al.，2016）。

研究发现，在小鼠口腔肿瘤形成过程中，蓝莓能终止 JAK/STAT-3 信号途径，并能调节影响细胞扩散和凋亡的下游目标。蓝莓中的重要成分是甲基花翠素，研究证明蓝莓中的甲基花翠素是口腔癌细胞系 SCC131 中 STAT-3 的抑制因子（Baba et al.，2017）。

van Breda 和 de Kok（2018）对蔬菜和水果的生物活性物质对慢性病的治疗和预防效果进行了研究，认为蔬菜和水果中的生物活性物质的联合使用可以成为新的治疗和预防慢性病的策略。

1.3.4　蓝莓对认知能力等的作用

Schrager 等（2015）研究了蓝莓对老年人机能灵活性的效果。实验组每天服用 2 杯冷冻蓝莓，对照组为胡萝卜汁（＞60 岁），连续 6 周。结果发现，蓝莓对老年人的机能灵活性有促进作用。

Bowtell 等（2017）研究了给健康老年人服用蓝莓对提高与任务相关的大脑激活的作用。实验组 5 女，7 男，年龄（67.5±3.0）岁，体质指数（25.9±3.3）kg/m^2，对照组 8 女，6 男，年龄（69.0±3.3）岁，体质指数（27.1±4.0）kg/m^2。实验组连续 12 周每天随机服用含 387mg 花青素的蓝莓浓缩物，对照组服用等能量的安慰剂。实验前和结束后，两组都进行了认知能力测试和斯特鲁测试，1.5T 磁共振成像扫描；用动脉自旋标记技术进行了定量静止脑灌注测试，对炎症的血液生化指标和氧化胁迫也进行了测试。研究结果显示：与对照组相比，实验组在大脑的布罗德曼 4/6/10/21/40/44/45 区、楔前叶、前扣带皮层、脑岛/丘脑的大脑活力显著增加；在顶叶[（2.9%±2.4%）～（5.0%±1.8%），$P=0.013$]和枕叶[（0.7%±3.2%）～（8.0%±2.6%），$P=0.031$]的灰质灌注中，实验组的大脑活力也显著增加。这些证据证明，健康老人服用富含花青素的蓝莓浓缩物可以促进其大脑活力。

Poulose 等（2017）将小鼠暴露在大剂量 ^{56}Fe 颗粒 24～48h 后发现，实验鼠大脑某些特殊区域无法上调能够修复这些损伤的抗氧化物质和抗炎症因子水平。在给实验鼠饲喂蓝莓后再进行同样剂量照射，发现在能够影响认知功能的关键区域海马体和额皮质，蓝莓添加物能够缓解蛋白质羰基化，显著抑制辐射引起的 NADPH-氧化还原酶-2（NOX2）和环氧合酶-2（COX-2）等活性的升高，减轻辐射对海马体和额皮质等区域神经的毒性和损伤。他们认为在食物中添加蓝莓可以起到预防辐射引起的大脑损伤的作用。

Boespflug 等（2017）研究了蓝莓对轻微认知失调的改善作用。让有轻微认知失调、阿尔茨海默病风险的老人每天服用蓝莓，连续 16 周，对照组服用安慰剂，对比分析试验前后的磁共振成像照片。发现：16 周后，食用蓝莓的实验组表现出在脑回路的左前-中区域、左中前部、顶下小叶的血氧依赖性信号激活增加（在工作记忆条件下）；但工作记忆能力的增强和蓝莓的添加之间没有明确的相关关系。

Whyte 等（2017）研究认为服用蓝莓冻干粉在提高儿童认知能力上有作用。

Miller 等（2018）对年龄在 60～75 岁（13 男，24 女）的老年人进行分组，对照组服用安慰剂，实验组服用冻干蓝莓（24g/d）90d，进行了平衡、步态、认知测验（试验前、试验 45d 和 90d）。结果显示：与对照组相比，实验组在 California Verbal Learning 测验（$P=0.031$，$\eta_p^2=0.126$）中的重复性错误明显减少，task-switching 测验（$P=0.033$，$\eta_p^2=0.09$）中的转换成本明显降低。但没有观察到对平衡和步态有明显的促进作用。实验结果支持老年人每天食用蓝莓对认知有一定的促进作用。

Hong 等（2018）给小鼠腹膜内注射莨菪碱诱发健忘症，患了健忘症的小鼠连续 7d 口服多奈哌齐（5mg/kg）、蓝莓提取物（120mg/kg）、蓝莓醋（120mg/kg），然后对小鼠进行 Y-maze 测试和被动回避测试。服用了蓝莓醋的小鼠在行为测试中认知功能有明显恢复。

McNamara 等（2018）比较了鱼油、蓝莓和二者联合服用对老年认知障碍者的恢复效果。采用双盲、随机设计，对照服用安慰剂，老年男性和女性服用鱼油、蓝莓和二者合用 24 周。他们发现服用蓝莓的实验组记忆力有改善，二者合用的实验组认知能力没有得到改善。

1.3.5　蓝莓对内脏器官等的作用

Nair 等（2014）研究了蓝莓对脂多糖引起的急性肾损伤的保护作用，认为蓝莓的保护作用机理是抑制了 Toll 样受体 4 和后续的炎症及氧化胁迫途径。

Zhu 等（2016）研究了蓝莓汁和益生菌通过影响 1 型去乙酰化酶（SIRT1）途径来减轻老鼠酒精性脂肪肝的细胞凋亡的作用。他们认为：蓝莓汁和益生菌配合食用可以减轻老鼠酒精性脂肪肝的细胞凋亡。原理是通过上调 SIRT1 来抑制转录因子叉头蛋白 O1（FOXO1，一种细胞凋亡促进因子）、硫酸化 FOXO1、乙酰化 FOXO1、肿瘤坏死因子配体超级家族成员 6、半胱天冬酶等，从而起到减轻细胞凋亡的作用。

Pervin 等（2016）研究了蓝莓对溃疡性结肠炎的预防和治疗效果。给实验鼠连续 7d 饲喂含 3%右旋糖酐硫酸酯钠的水，诱发小鼠急性溃疡性结肠炎，再给患溃疡性结肠炎的实验鼠饲喂蓝莓提取物（50mg/kg 体重）。与对照组相比，饲喂蓝莓提取物的实验鼠的结肠区域的组织病理学特征得到显著改善，髓过氧化物酶水平显著降低，血清中前列腺素 E2 也降低，SOD 和 CAT 活性明显增强。结直肠区域的环氧合酶 COX-2 和白细胞介素-1β(IL-1β)的 mRNA 的表达水平降低。免疫荧光分析还发现转录因子 NF-κB 的核转运水平降低。他们认为：蓝莓提取物在结直肠区域抗炎症的机理是抗氧化，下调炎症因子的表达和抑制 NF-κB 的核转移。

Ren 等（2017）研究了蓝莓汁和益生菌配用对非酒精性脂肪肝的改善作用。他们认为蓝莓汁和益生菌配用可以减缓非酒精性脂肪肝的进展。这是通过 α 型过氧化物酶体增殖物活化受体（PPAR-α）渠道影响胆固醇调节元件结合蛋白 1c/含 patatin 样磷脂酶域 3（SREBP-1c/PNPLA-3）途径来实现的。

Lee 等（2018）使用 3 组 24 只雄性 Wistar 小鼠（260～270g，每组 8 只），分别饲喂低脂（LF，10%脂肪）、高脂（HF, 40%脂肪）、高脂并添加 10%蓝莓粉（重量)(HF-BB)，连续 8 周。研究蓝莓添加物对高脂饮食小鼠的肠道微生物、炎症和胰岛素抗性的影响。他们发现：与 LF 和 HF 小鼠相比，添加蓝莓(HF-BB)改变了小鼠肠道微生物成分，γ 变形菌门丰度增加（$P<0.001$），高脂饮食小鼠中缩短了 15%（$P<0.05$）的回肠绒毛高度被修复。HF-BB 小鼠组的回肠黏蛋白 Muc2 基因的表达比 HF 小鼠组提高了 150%（$P<0.05$），HF 小鼠组内脏脂肪中的肿瘤坏死因子 α 和白细胞介素-1β 基因的表达分别比 LF 小鼠组提高了 300% 和 500%（$P<0.05$），HF-BB 小鼠组正常。在饮食中添加蓝莓改善了胰岛素敏感性指标，与 LF 小鼠组及 HF-BB 小鼠组比较，在 HF 小鼠组，在丝氨酸 307 位点，磷酸化肝胰岛素受体底物 1 与肝胰岛素受体底物 1 的比例超过 35%。结论：在 HF 饲养小鼠组，

添加蓝莓可以导致肠道微生物群的组成改变，此改变与全身炎症减轻及胰岛素信号转导改善有关。

Espin 等于 2017 年发表的论文探索了多酚和内脏微生物区系的关系，认为内脏微生物区系是多酚治疗效应的关键因素。

此外，蓝莓对内脏器官如肝脏、肾脏和泌尿系统健康的研究结果也显示出蓝莓具有积极的效果。

作者除了检索数据库外，还查阅了北美蓝莓协会网站，2014～2015 年的北美蓝莓协会年度报告中提到：佛罗里达州立大学的 Arjmandi 对 40 名患有 I 期高血压的更年期女性进行研究发现，每天服用相当于 1 杯蓝莓的冻干蓝莓粉，连续 8 周以后，服用蓝莓的实验组女性血压下降。

2015～2016 年北美蓝莓协会的年度报告中开始将蓝莓与健康的研究转向了最前沿——蓝莓与消化道微生物的关系。该协会邀请专家研究现代饮食与肥胖病和糖尿病的关系，含蓝莓的食物是否可以影响人类的消化道细菌等。

研究的领域包括蓝莓与癌症、代谢综合征、运动、骨骼、肥胖、免疫功能、神经学、视力、炎症、心血管、胰岛素抗性、认知（cognitive function）功能。

该协会希望通过研究明确蓝莓在食物与消化道健康方面所起的作用。

根据 2017 年底公布的北美蓝莓协会年度报告，健康委员会由 Dr. O'Toole、Dr. Cassidy、Dr. Rimm、Dr. Lampe 等组成。

Dr. O'Toole 的研究重点是人类肠道微生物。其主要研究食物-微生物-健康的关系；消化道微生物区系的功能与成分，微生物区系对饮食习惯的反应，胃肠道功能紊乱与衰老。

Dr. Cassidy 主要研究黄酮类、花青素及多酚对心血管健康的影响。

Dr. Rimm 的研究重点为饮食习惯与生活方式对心血管疾病的影响。

Dr. Lampe 的研究重点为食物成分对人类癌症敏感性的效应，以及遗传变异对食物的效应。

（李　凌　郑　荷　任广炼　张文玲　徐治朋　杨　艳）

参 考 文 献

方瑞征，1986. 中国越橘属的研究. 云南植物研究，8（3）：239-258.

方瑞征，吴征镒，1987. 越桔属新分类群. 云南植物研究，9（4）：379-395.

中国科学院中国植物志编辑委员会，1991. 中国植物志（第五十七卷第三分册）. 北京：科学出版社：75-164.

Aranaz P，Romo-Hualde A，Zabala M，et al.，2017. Freeze-dried strawberry and blueberry attenuates diet-induced obesity and insulin resistance in rats by inhibiting adipogenesis and lipogenesis. Food Funct，8（11）：3999-4013.

Arranz S，Manuel Silván J，Saura-Calixto F，et al.，2010. Nonextractable polyphenols，usually ignored，are the major part of dietary polyphenols：A study on the Spanish diet. Mol Nutr Food Res，54：1646-1658.

Baba A B，Nivetha R，Indranil C，et al.，2017. Blueberry and malvidin inhibit cell cycle progression and induce mitochondrial-mediated apoptosis by abrogating the JAK/STAT-3 signalling pathway. Food and Chemical Toxicology，109：534-543.

Basu A，Du M，Leyva M J，et al.，2010. Blueberries decrease cardiovascular risk factors in obese men and women with metabolic syndrome. The Journal of Nutrition，140：1582-1587.

Ben Lagha A，LeBel G，Grenier D，2018. Dual action of highbush blueberry proanthocyanidins on *Aggregatibacter actinomycetemcomitans* and the host inflammatory response. BMC Complementary and Alternative Medicine，18：10.

Bharat D，Cavalcanti R R M，Petersen C，et al.，2018. Blueberry metabolites attenuate lipotoxicity-induced endothelial dysfunction. Molecular Nutrition Food Research，62（2）：601-608.

Boespflug E L，Eliassen J C，Dudley J A，et al.，2017. Enhanced neural activation with blueberry supplementation in mild cognitive impairment. Nutr Neurosci，21（4）：297-305.

Bowtell J L，Aboo-Bakkar Z，Conway M E，et al.，2017. Enhanced task-related brain activation and resting perfusion in healthy older adults after chronic blueberry supplementation. Appl Physiol Nutr Metab，42（7）：773-779.

Coville F V，Taylor A，1910. Experiments in Blueberry Culture (1910). Washington：Government Printing Office：13.

Crespo M C，Visioli F，2017. A brief review of blue-and bilberries' potential to curb cardio-metabolic perturbations：focus on diabetes. Curr Pharm Des，23（7）：983-988.

Cutler B R，Gholami S，Chua J S，et al.，2018. Blueberry metabolites restore cell surface glycosaminoglycans and attenuate endothelial inflammation in diabetic human aortic endothelial cells. Int J Cardiol，261：155-158.

Del Bo C，Deon V，Campolo J，et al.，2017. A serving of blueberry（*V. corymbosum*）acutely improves peripheral arterial dysfunction in young smokers and non-smokers：two randomized，controlled，crossover pilot studies. Food & Function，8：4108-4117.

Del Bo C，Roursgaard M，Porrini M，et al.，2016. Different effects of anthocyanins and phenolic acids from wild blueberry（*Vaccinium angustifolium*）on monocytes adhesion to endothelial cells in a TNF-[alpha] stimulated proinflammatory environment. Molecular Nutrition & Food Research，60：2355-2366.

Espin J C，González-Sarrías A，Tomás-Barberán F A，et al.，2017. The gut microbiota：A key factor in the therapeutic effects of（poly）phenols. Biochemical Pharmacology，139：82-93.

Figueira M E，Oliveira M，Direito R，et al.，2016. Protective effects of a blueberry extract in acute inflammation and collagen-induced arthritis in the rat. Biomed Pharmacother，83：1191-1202.

Gough R E，Korcak R F，1995. Blueberries-A Century of Research. New York：Foods Products Press.

Grace M H，Xiong J，Esposito D，et al.，2019. Simultaneous LC-MS quantification of anthocyanins and non-anthocyanin phenolics from blueberries with widely divergent profiles and biological activities. Food Chemistry，277：336-346.

Collins H，2003. Collins English Dictionary. Glasgow：HarperCollins Publishers：163，390，1835.

Hong S M，Soe K H，Lee T H，et al.，2018. Cognitive improving effects by highbush blueberry（*Vaccinium crymbosum* L.）vinegar on scopolamine-induced amnesia mice model. J Agri Food Chem，66（1）：99-107.

Huang W Y，Wu H，Li D，et al.，2018b. Protective effects of blueberry anthocyanins against H_2O_2-induced oxidative injuries in human retinal pigment epithelial cells. J Agric Food Chem，66（7）：1638-1648.

Huang W Y，Yan Z，Li D，et al.，2018a. Antioxidant and anti-inflammatory effects of blueberry anthocyanins on high glucose-induced human retinal capillary endothelial cells. Oxid Med Cell Longev，（2）：1-10.

Johnson M H，Wallig M，Luna Vital D A，et al.，2016. Alcohol-free fermented blueberry-blackberry beverage phenolic extract attenuates diet-induced obesity and blood glucose in C57BL/6J mice. J Nutr Biochem，31：45-59.

Johnson S A，Feresin R G，Navaei N，et al.，2017. Effects of daily blueberry consumption on circulating biomarkers of oxidative stress，inflammation，and antioxidant defense in postmenopausal women with pre-and stage 1-hypertension：a randomized controlled trial. Food Funct，8（1）：372-380.

Kalt W，Ryan D A J，Duy J C，et al.，2001. Interspecific variation in anthocyanins，phenolics，and antioxidant capacity among genotypes of highbush and lowbush blueberries（*Vaccinium* section *Cyanococcus* spp.）. J Agric Food Chem，49：4761-4767.

Kanaya N，Adams L，Takasaki A，et al.，2014. Whole blueberry powder inhibits metastasis of triple negative breast cancer in a xenograft mouse model through modulation of inflammatory cytokines. Nutr Cancer，66（2）：242-248.

Khanal R C，Howard L R，Wilkes S E，et al.，2012. Effect of dietary blueberry pomace on selected metabolic factors associated with high fructose feeding in growing Sprague-Dawley rats. J Medicinal Food，15（9）：802-810.

Kim E K，Kim H，Kwon O，et al.，2018. Associations between fruits，vegetables，vitamin A，[beta]-carotene and flavonol dietary intake，and age-related macular degeneration in elderly women in Korea: the Fifth Korea National Health and Nutrition Examination Survey. Journal of Clinical Nutrition，72（1）: 161-167.

Kim M，Hyunkyung N，Hiroshi K，et al.，2017. Comparison of blueberry （*Vaccinium* spp.）and vitamin C via antioxidative and epigenetic effects in human. Journal of Cancer Prevention，22（3）: 174.

Kim M，Na H，Kasai H，et al.，2017. Comparison of blueberry（*Vaccinium* spp.）and vitamin C via antioxidative and epigenetic effects in human. J Cancer Prev，22（3）: 174-181.

Lee J，Finn C E，Wrolstad R E，et al.，2004. Anthocyanin pigment and total phenolic content of three *Vaccinium* species native to the Pacific Northwest of North America. HortScience，39: 959-964.

Lee S，Keirsey K I，Kirkland R，et al.，2018. Blueberry supplementation influences the gut microbiota，inflammation，and insulin resistance in high-fat-diet-fed tats. J Nutr，148（2）: 209-219.

Lewis E D，Ren Z，DeFuria J，et al.，2018. Dietary supplementation with blueberry partially restores T-cell-mediated function in high-fat-diet-induced obese mice. Br J Nutr，119: 1393-1399.

Liu Y，Zhang D，Hu J，et al.，2015. Visible light-induced lipid peroxidation of unsaturated fatty acids in the retina and the inhibitory effects of blueberry polyphenols. J Agric Food Chem，63(42):9295-9305.

Madhujith T，Shahidi F，2004. Antioxidant activity of blueberry and its by products. *In*: Shahidi F，Weerasinghe DK. Nutraceutical Beverages，ACS Symposium Series 871. Washington DC: American Chemical Society: 149-160.

McNamara R K，Kalt W，Shidler M D，et al.，2018. Cognitive response to fish oil，blueberry，and combined supplementation in older adults with subjective cognitive impairment. Neurobiol Aging，64: 147-156.

Miller M G，Hamilton D A，Joseph J A，et al.，2018. Dietary blueberry improves cognition among older adults in a randomized，double-blind，placebo-controlled trial. Eur J Nutr，57（3）: 1169-1180.

Moerman D E，1998. Native American Ethnobotany. Portland: Timber Press: 927.

Moyer R A，Hummer K E，Finn C E，et al.，2002. Anthocyanins，phenolics，and antioxidant capacity in diverse small fruits: *Vaccinium*，*Rubus* and *Ribus*. J Agric Food Chem，50: 519-525.

Nair A R，Mariappan N，Stull A J，et al.，2017. Blueberry supplementation attenuates oxidative stress within monocytes and modulates immune cell levels in adults with metabolic syndrome: a randomized，double-blind，placebo-controlled trial. Food Funct，8（11）: 4118-4128.

Nair A R，Masson G S，Ebenezer P J，et al.，2014. Role of TLR4 in lipopolysaccharide-induced acute kidney injury: protection by blueberry. Free Radic Biol Med，71: 16-25.

Ono-Moore K D，Snodgrass R G，Huang S，et al.，2016. Postprandial inflammatory responses and free fatty acids in plasma of adults who consumed a moderately high-fat breakfast with and without blueberry powder in a randomized placebo-controlled trial. J Nutr，146（7）: 1411-1419.

Orellana-Palma P，Petzold G，Pierre L，et al.，2017. Protection of polyphenols in blueberry juice by vacuum-assisted block freeze concentration. Food and Chemical Toxicology，109: 1093-1102 .

Pervin M，Hasnat M A，Lim J L，et al.，2016. Preventive and therapeutic effects of blueberry （*Vaccinium corymbosum*）extract against DSS-induced ulcerative colitis by regulation of antioxidant and inflammatory mediators. J Nutr Biochem，28: 103-113.

Poulose S M，Rabin B M，Bielinski D F，et al.，2017. Neurochemical differences in learning and memory paradigms among rat supplemented with anthocyanin-rich blueberry diets and exposed to acute doses of ^{56}Fe particles. Life Sci Space Res（Amst），12: 16-23.

Ren T，Zhu J J，Zhu L，et al.，2017. The combination of blueberry juice and probiotics ameliorate non-alcoholic steatohepatitis（NASH）by affecting SREBP-1c/PNPLA-3 pathway via PPAR-α. Nutrients，9（3）: 198.

Retamales J B，Hancock J F，2011. Blueberries. London: CABI.

Schrager M A，Hilton J，Gould R，et al.，2015. Effects of blueberry supplementation on measures of functional mobility in older adults. Appl Physiol Nutr Metab，40（6）: 543-549.

Sophia L，Louis T，2018. Dry eye disease and oxidative stress. Acta Ophthalmologica，96（4）: e412-e420.

Stull A J, 2016. Blueberries' impact on insulin resistance and glucose intolerance. Antioxidants (Basel), 5 (4): 44.

Stull A J, Cash K C, Champagne C M, et al., 2015. Blueberries improve endothelial function, but not blood pressure, in adults with metabolic syndrome: A randomized, double-blind, placebo-controlled clinical trial. Nutrients, 7: 4107-4123.

Stull A J, Cash K C, Johnson W D, et al., 2010. Bioactives in blueberries improve insulin sensitivity in obese, insulin-resistant men and women. J Nutr, 140: 1764-1768.

Taverniti V, Via Dalla A, Minuzzo M, et al., 2017. *In vitro* assessment of the ability of probiotics, blueberry and food carbohydrates to prevent *S. pyogenes* adhesion on pharyngeal epithelium and modulate immune responses. Food Funct, 8: 3601-3609.

Tremblay F, Waterhouse J, Nason J, et al., 2013. Prophylactic neuroprotection by blueberry-enriched diet in a rat model of light-induced retinopathy. J Nutr Biochem, 24 (4): 647-655.

van Breda S G J, de Kok T M C M, 2018. Smart combinations of bioactive compounds in fruit and vegetables may guide new strategies for personalized prevention for chronic disease. Molecular Nutrition & Food Research, 62 (1): 1700597.

Vander Kloet S P, 1988. The genus *Vaccinium* in North America. Agriculture Canada Publ, 1828: 201.

Whyte A R, Schafer G, Williams C M, 2017. The effect of cognitive demand on performance of an executive function task following wild blueberry supplementation in 7 to 10 years old children. Food Funct, 8: 4129-4138.

Zhan W, Liao X, Yu L, et al., 2016. Effects of blueberries on migration, invasion, proliferation, the cell cycle and apoptosis in hepatocellular carcinoma cells. Biomed Rep, 5 (5): 579-584.

Zhu J J, Ren T T, Zhou M Y, et al., 2016. The combination of blueberry juice and probiotics reduces apoptosis of alcoholic fatty liver of mice by affecting SIRT1 pathway. Drug Des Devel Ther, 10: 1649-1661.

第2章 蓝莓的引种研究

据有关资料，蓝莓的生产和贸易在过去的30年里飞速发展，这种原本是在北美洲主要栽培的植物已经扩散到了全球。

2.1 蓝莓在北美洲的栽培及全球引种简况

1910～1940年，北高丛蓝莓的栽培逐渐在美国扩展，1965年兔眼蓝莓在美国佐治亚州和佛罗里达州开始栽培。20世纪70～80年代，北高丛蓝莓的栽培面积持续增加，到1992年，南高丛蓝莓的栽培面积在佐治亚州和佛罗里达州增加到7%，进入2000年以后，美国南方南高丛蓝莓栽培面积的增加超过了兔眼蓝莓（Retamales and Hancock，2011）。

据资料（Retamales and Hancock，2011），1923年高丛蓝莓首次被引种到荷兰阿森，1930年北高丛蓝莓被引种到德国。另外栽培较早的国家是1959年的英国和1962年的德国。1970年，荷兰、波兰和意大利开始商业栽培，法国是1980年、西班牙是1990年开始商业栽培的。

澳大利亚在1960年、新西兰在1970年开始栽培蓝莓。

亚洲最早开始引种栽培蓝莓的是日本（1950年），1980年蓝莓栽培面积扩大。中国在1980年开始引种栽培。

蓝莓首次被引进南非是1970年，1990年栽培面积扩大。

智利在1980年首次引种栽培蓝莓，阿根廷在1990年开始引种栽培蓝莓。

2.2 蓝莓在中国的引种简况

中国最早进行蓝莓研究的是吉林农业大学的郝瑞教授。1959年，郝瑞教授对长白山的笃斯越桔进行了资源调查，1979年在《园艺学报》发表了"长白山区笃斯越桔调查研究"，1982年在发表的"长白山的野生果树种质资源"中进一步明确了笃斯越桔是重要的极具利用价值的果树资源（吴林，2016），1983年郝瑞将蓝莓引入东北地区进行试验栽培。

1988年，中国科学院江苏植物研究所的顾姻和贺善安将兔眼蓝莓引入江苏，在贵州麻江开展试验，最终栽培成功（顾姻等，2001）。

2.3 蓝莓在重庆地区的引种

1999年9月底，蓝莓被作者团队从日本引入重庆。第一批次带入的品种有12个，以后陆续引入约30个。在18个月的封闭环境试种中，作者经过严密观察发现，植株早春萌芽，至10月底或11月上中旬停长，整个生长期内生长正常，无病虫害迹象。

2001 年开始将蓝莓幼苗分别在校园内（海拔约 200m）、低山丘陵（海拔约 400m）的酸性土壤上试种。土壤类型为西南地区特有的矿质黄泥和冷沙黄泥。

2002 年春季观察到海拔 400m 及以上试验地的 3 个品种［'达柔'（'Darrow'）、'蓝丰'（'Bluecrop'）、'圆蓝'（'Gardenblue'）］的蓝莓苗全部开花，6 月 10 日左右果实成熟。校园内低海拔（200m）栽培的蓝莓苗无开花结果现象，营养生长正常。

至 2018 年春夏，栽培在校内低海拔地点的蓝莓中，南高丛蓝莓的品种开花结果正常，北高丛蓝莓的品种有部分开花结果。其中，南高丛蓝莓的'薄雾（'Misty'）''奥尼尔（'O'Neal'）''莱格西（'Legacy'）'开花结果很正常，但其产量及品质仍不及海拔 400m 的试验地内的。

2004～2006 年观察记载了最早在重庆表现适应性良好的 3 个蓝莓品种的物候期。

（1）'蓝丰'

1）萌芽期：1 月中旬至 2 月上旬；

2）展叶期：2 月上旬至 3 月上旬；

3）抽梢开花期：3 月中旬至 4 月上旬；

4）结果期：4 月中旬至 6 月上旬；

5）花芽分化期：6 月下旬至 9 月下旬；

6）落叶休眠期：11 月下旬至次年 1 月上旬。

（2）'达柔'

1）萌芽期：1 月下旬至 2 月中旬；

2）展叶期：2 月中旬至 3 月中旬；

3）抽梢开花期：3 月中旬至 4 月中旬；

4）结果期：4 月下旬至 6 月中旬；

5）花芽分化期：7 月上旬至 10 月上旬；

6）落叶休眠期：11 月下旬至次年 1 月中旬。

（3）'圆蓝'

1）萌芽期：2 月上旬至 2 月下旬；

2）展叶期：3 月上旬至 4 月上旬；

3）抽梢开花期：4 月上旬至 4 月下旬；

4）结果期：5 月上旬至 7 月下旬；

5）花芽分化期：8 月上旬至 10 月下旬；

6）落叶休眠期：常绿。

2004～2006 年记载越桔品种的花芽分化时期如下。

（1）'蓝丰'

1）花梗分化期：6 月下旬至 7 月上旬；

2）花萼分化期：6 月下旬至 7 月中旬；

3）花冠分化期：7 月中旬至 7 月下旬；

4）雄蕊分化期：8 月上旬至 8 月下旬；

5）雌蕊分化期：8 月中旬至 9 月上旬；

6）胚珠分化期：9 月上旬至 9 月下旬。

（2）'达柔'

1）花梗分化期：7 月上旬至 7 月下旬；

2）花萼分化期：7 月中旬至 8 月上旬；

3）花冠分化期：7 月下旬至 8 月中旬；

4）雄蕊分化期：8 月上旬至 8 月下旬；

5）雌蕊分化期：8 月中旬至 9 月上旬；

6）胚珠分化期：9 月上旬至 10 月上旬。

（3）'圆蓝'

1）花梗分化期：8 月上旬至 8 月下旬；

2）花萼分化期：8 月中旬至 9 月中旬；

3）花冠分化期：8 月下旬至 9 月中旬；

4）雄蕊分化期：9 月上旬至 9 月下旬；

5）雌蕊分化期：9 月中旬至 10 月上旬；

6）胚珠分化期：9 月下旬至 10 月下旬。

从 1999 年底至 2018 年，蓝莓在重庆地区的栽培时间近 20 年。据近 20 年的连续观察，北高丛蓝莓、南高丛蓝莓和兔眼蓝莓在重庆地区均可以栽培，北高丛蓝莓在较高海拔地区的产量和品质均较稳定，南高丛蓝莓和兔眼蓝莓在低海拔地区和较高海拔地区均表现不错，但依然表现出在 400m 及以上地区产量和品质更佳的趋势。

南高丛蓝莓和兔眼蓝莓的抗病虫害能力更强，对土壤的适应性更强。

北高丛蓝莓果实大小和品质均良好，但抗病虫害能力稍差，容易被叶甲、金龟子幼虫等危害，春季梅雨季节新梢容易感染蚜虫。

近几年由于气候的变化，'奥尼尔'在 5 月上中旬即进入成熟期，品质优良但产量不稳定，对土壤适应性较差。'莱格西'在 400m 以上海拔地区产量和品质明显优于较低海拔地区，长势旺盛，对土壤适应性较强，成熟期在 6 月中旬及以后。'薄雾'在高低海拔地区表现均不错，对土壤适应性强，成熟期在 6 月上中旬。

大约从 2016 年开始，重庆在 6 月的雨量明显偏多，对中熟蓝莓品种的品质和采摘有较大影响，尤其对万州等处于三峡库区腹地的蓝莓品质和采摘影响较大。同时由于重庆的山地特点，如果对蓝莓进行避雨设施栽培成本较高。

重庆的气候特点是夏季高温炎热时间较长，7～8 月多高温干旱，光照强烈。观察到在低海拔地区，早熟品种如'奥尼尔'等成熟时间在 5 月中旬至 6 月上旬，此期间气温不高，人们的采摘热情高，进入 6 月下旬以后，气温持续攀高，阳光强烈，严重影响人们的采摘欲望。当然高海拔地区成熟期早晚影响不大，重庆武隆海拔 1000m 以上地区是夏季人们的避暑胜地，兔眼蓝莓等成熟期在 7 月及以后，人们的采摘热情依然很高。

重庆及成都等地由于回春早，气温回升快，蓝莓开花较早，果实成熟时间明显早于我国山东等地。秋季以后，大约 11 月中下旬逐渐停长。北高丛蓝莓在较高海拔地区约 12 月霜降时红叶，然后进入落叶休眠期。南高丛蓝莓在高低海拔地区均可以保持常绿。

经过多年观察，作者认为：蓝莓在重庆及西南其他地区生长期明显长于北方，营养生长期较长，树体生长量大，开花早，成熟早，只要栽培地点选择得当，产量、品质均佳。

西南山地立体气候多样，土壤类型丰富，适宜北高丛蓝莓、南高丛蓝莓和兔眼蓝莓的生长，从抗性和品质考虑，南高丛蓝莓品种综合表现较佳。

（李　凌　王瑞芳　郭　彪　鲁　艳）

参 考 文 献

顾姻，贺善安，于虹，等，2001. 蓝浆果与蔓越橘. 北京：中国农业出版社.

吴林，2016. 中国蓝莓 35 年——科学研究与产业发展. 吉林农业大学学报，38（1）：1-11.

Retamales J B，Hancock J F，2011. Blueberries. London：CABI.

第3章 蓝莓的繁殖技术和栽培管理技术

3.1 繁 殖 技 术

蓝莓种子需要经过低温休眠才能萌发，而且实生苗变异大，无法保证产量和品质，因此除育种外，商业栽培蓝莓不使用种子繁殖得到的实生苗。除少数兔眼蓝莓品种外，蓝莓的扦插需要插条长度在 10cm 以上，生根时间为 30～60d，速度慢、根系弱，很难满足生产的需要。而组织培养能在保留母株优良性状的前提下使蓝莓大量增殖，培养周期短、繁殖速度快、不受季节限制，是目前全世界蓝莓商业化育苗常见的扩繁方法。因此，本章重点介绍蓝莓组织培养繁殖技术，对传统繁殖技术不做赘述。

3.1.1 蓝莓组织培养概述

植物组织培养育苗不受季节限制，采用茎尖作外植体还可以快速得到大量无病毒苗，在发育阶段上比常规育苗方法育成的苗木更加年轻，根系发育更加良好。

陈慧都等(1990)的研究表明，在改良 WPM 培养基中添加 0.5～2.0mg/L 玉米素(ZT)，可显著促进蓝莓外植体增殖。李凌和李政(2009)的发明专利"一种越桔组织培养中的增殖培养基配方"，由不同组分及浓度的大量元素、微量元素、铁盐、有机成分等组成，该培养基增殖效率可以达到 15 倍以上；北高丛蓝莓和南高丛蓝莓大部分品种仅 25～30d 增殖苗的高度便可以达到 3～4cm，完全可满足生根培养的需要。另一个发明专利"一种简便的越桔组培生根苗的移栽方法"(李政和李凌，2011)，将蓝莓组培苗进行瓶外生根，在 10～30d 生根，生根率可达 95%。李京等 (2013)采用正交试验的研究方法，对大兴安岭的野生蓝莓进行瓶外扦插生根优化试验，结果表明：经过浓度为 500mg/L 的生根粉处理后，扦插到珍珠岩+草炭土 (1:1) 的基质中，生根率可达到 70%以上，且苗木粗壮。

3.1.2 外植体的选择及培养

外植体的选择是蓝莓组织培养成功与否的第一个关键因素。结合前人研究及本实验室近 20 年的实践，作者认为：茎段是蓝莓组织培养外植体的最佳选择，生长健壮的半木质化新梢是蓝莓外植体的最佳选材，春梢比秋梢更易成功。

每年 3～5 月，选取生长健壮的半木质化新梢，斜剪成 1～2cm 的茎段，保证每个茎段上留有 1～3 个腋芽，轻轻摘除叶片，尽量减少创伤面。将处理好的茎段在流水下冲洗 1～2h，可放入少许洗衣粉，以洗净茎段表面浮尘。冲洗完成后，在超净工作台上将茎段置于70%乙醇中浸泡 20s，用无菌水冲洗 3～4 次，在 0.1%～0.15%的 $HgCl_2$ 溶液中浸泡 5～15min，再置于无菌水中冲洗 3～5 次，用无菌滤纸吸干多余水分后将茎段接入改良后的

MS 培养基（适当减少玉米素含量），培养至外植体腋芽萌动并逐渐开始伸长生长时，即可开始增殖培养。

增殖培养基可以采用改良的 MS 培养基、WPM 培养基或专利培养基。

目前各种培养基都有增殖培养成功的先例，只是增殖效率有差异。

不同品种似乎对培养基表现出一定的选择性。

玉米素是目前蓝莓组织培养过程中较佳的激素。

部分品种在增殖过程中表现出对光源有一定的依赖性。

3.1.3 生根

蓝莓组培苗的生根方式主要有瓶内生根与瓶外生根两种。瓶内生根只要有合适的生根培养基，生根时间也不长，但需进行遮光处理。移栽出瓶前需要先炼苗 1 周左右，移栽时需要仔细洗掉培养基，操作比较烦琐。瓶外生根无须炼苗，将增殖培养得到的健壮组培苗直接在生根基质上生根，成本低廉，更适合于工厂化生产，效率高。本实验室使用专利配方"一种越桔组织培养中的增殖培养基配方"（李凌和李政，2009）培养组培苗 30d 左右，增殖苗高 3～4cm，即可满足生根培养的需要。

以下为本实验室具体的操作流程（南高丛蓝莓'Legacy'从外植体开始的组织培养过程）。

3.1.3.1 冷藏预处理与外植体灭菌

在晴天的上午 9～11 点选取生长旺盛、腋芽饱满的一年生半木质化枝条作为外植体。剪取枝条后在 4℃条件下冷藏预处理，保持枝条湿润。处理完成后，剪成 5cm 左右茎段。用洗衣粉清洗茎段表面 10min，再用流水冲洗茎段 1h 以上。将冲洗好的茎段置于超净工作台上用 75%乙醇浸泡 20s，无菌水冲洗 4 或 5 次，然后用 0.15% $HgCl_2$ 溶液消毒，无菌水冲洗 4 或 5 次，用无菌滤纸将茎段表面的水分吸干，将其剪成约 1cm 的茎段，每个茎段上有 1 个芽，接种于配制好的培养基中。最佳灭菌处理组合：预处理 1d 后用 75%乙醇消毒 20s，0.15% $HgCl_2$ 溶液消毒 8min。

3.1.3.2 初代培养

将灭菌后的单芽外植体分别接种在含 0.75mg/L 玉米素的培养基上，每瓶接种 1 个外植体。培养环境为温度（25±1）℃，光照 16h/d，光照强度为 1500～2000lx。待外植体萌发的新芽长到 2cm 左右时切下新芽，移植到增殖培养基中进行增殖培养。

3.1.3.3 增殖培养

进入增殖培养后，每瓶接入无菌苗 15 或 16 株，培养 30～50d 后，每个成枝的无菌苗至少增殖出 5 个新枝。每瓶有 50～80 个新枝可以达到生根要求（株高 6cm 以上）。

3.1.3.4　瓶外生根

选择草炭加蛭石作为生根基质，基质湿度为 75%左右。再把基质调和后均匀摊铺在育苗穴盘中备用，摊铺厚度 5cm 左右。

从组培室挑选出满足瓶外生根要求的蓝莓组培苗，用镊子将组培苗轻轻地从瓶子里取出，将附着的培养基用清水冲洗干净。将洗干净的组培苗剪成长度为 2cm 左右的插穗，再用 800 倍多菌灵溶液浸泡 10min，在生根激素溶液中浸泡 2min 后捞出沥干，然后将灭菌后的插穗每穴盘扦插 100 株苗。全部扦插完成后将穴盘整齐地排列在育苗苗床上，覆上塑料薄膜。保持插穗周围空气湿度在 95%以上。温室里基本保持白天 22～30℃、夜晚 16℃的温度，保持 1 个月。同时每个育苗苗床上均配有专用灯光，光照强度为 2500lx 左右。50d 'Legacy' 组培苗插穗的生根率可以达到 96%以上。

3.1.3.5　移栽

将育苗穴盘中高度达到 10cm 以上的生根苗移栽至 12cm 育苗钵中，基质为草炭土。

3.1.3.6　苗圃管理

将育苗钵整齐地摆放在苗圃中，每个小区 2500 钵，每周浇灌，每隔 3 周施肥一次，硫铵+磷酸二氢钾 0.5%叶面喷施。

蓝莓组培苗高度达到 30～50cm 时即可带钵运输或直接移栽至大田（图 3-1）。

增殖培养第2天

增殖培养第40天

瓶外生根第2天

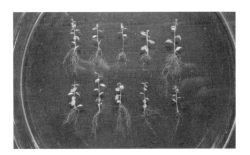
瓶外生根第30天

瓶外生根第60天　　　　　　　　　　　　移入营养钵中的组培苗

图 3-1　南高丛蓝莓'Legacy'的组培全过程

在重庆地区由于夏季常高温，降雨不足，为了保证蓝莓组培苗木移栽定植成活率，最好在秋冬季进行运输和移栽定植。移栽后翌年有部分植株可开花结果。

3.2　栽培管理技术

蓝莓的栽培管理技术与一般果树的栽培管理技术有一定的差别。在重庆及西南其他地区，蓝莓栽培成功的第一关键因素是栽培地点的土壤酸碱度，其次是栽培地点的冬季低温积累量需要满足蓝莓品种的冷量需求。若这两个条件不合适，蓝莓的生长会受到严重影响。例如，在中性或碱性土壤上，蓝莓营养生长缓慢，叶片变黄发白，后逐渐衰亡。低温积累量不符合要求，花期会过早或产量会波动。例如，在生产中观察到，重庆地区最近引进的品种'绿宝石'，花期在12月左右，其产量估计会受到严重影响。

目前全球不同蓝莓产地的栽培管理技术存在很大差异。日本、欧洲、智利中南部、美国东部和中西部的气候较寒冷，植株一般在春季定植，株距 1.0～1.2m，行距 3m。蓝莓多种植在有机质含量高的天然酸性土壤中，智利果农常用松芯片或木屑进行地面覆盖。阿根廷、西班牙、美国南部、智利中北部和西北太平洋地区，通常在秋季或初冬定植，一般采用较高密度的种植方式（株距 0.7～0.9m，行距 3m），常见的覆盖材料有塑料膜、锯末和松树皮。美国南部常用生长调节剂朵美滋（Dormex）来促进春季叶片发育和果实成熟。格鲁吉亚用赤霉酸来增加兔眼蓝莓品种的果实产量。

虽然大部分的高丛蓝莓是露天种植的，但是许多地方也会使用保护地栽植系统。西班牙和美国加利福尼亚州广泛使用"隧道"种植的方法来促进果实发育，加快收获速度；在日本，人们会采取一些保护措施以防止果实受到雨水的伤害；阿根廷和墨西哥会利用防寒网作季节延长和冰雹保护设施；澳大利亚也使用保护网来防止冻害和鸟害；智利和美国正在研究遮光网，用于延缓收获期，防止树叶和果实晒伤（Retamales and Hancock，2012）。

3.2.1　建园及定植

重庆等西南地区夏热冬暖、春秋两季降水量充沛、夏季酷热干旱，南高丛蓝莓比较适合此类气候，北高丛蓝莓可以栽培在该地区海拔较高（400m 以上）的区域，兔眼蓝莓对土壤适应性较好，在该地区也可以栽培。

建园：宜选择生态条件良好、无污染源、灌溉和排水条件良好、空气流通性好的缓坡地带或平地作为园地。例如，重庆地区很多废弃多年的茶园就是比较合适的建园地点，撂荒多年的旱地经过翻耕也是较为适宜的建园地点。菜地和水稻田次之。

土壤酸碱度：适宜蓝莓生长的土壤一定呈酸性，以 pH 4.5～5.5 为最佳。一般在重庆地区适宜茶叶、马尾松、杜鹃生长的土壤均适合蓝莓的生长。如果土壤 pH 高于 6.0，可以全园撒施硫黄粉调节。西南山地多酸性丘陵，适宜蓝莓生长的土壤类型较多，如冷沙黄泥和矿质黄泥均非常适合蓝莓生长，重庆地区的酸性紫色土也适宜蓝莓生长。推荐选择合适的酸性土壤来栽培蓝莓，不建议选择大量 pH 不符合要求的土壤，通过撒施硫黄粉来改变 pH。

有机质含量：土壤有机质含量高对蓝莓的生长很有益处，最佳的有机质含量为 5%～6%或以上。重庆及西南其他地区水热变化剧烈，土壤有机质含量偏低为普遍现象，一般土壤有机质含量在 1%左右。为了给蓝莓创造一个良好的生长环境，在建园时大量添加有机质为非常必要的步骤。通常在欧美和中国的北方均是大量使用草炭土来增加土壤有机质含量，这样成本非常高昂。经过本实验室试验，在重庆及西南其他地区，定植前半年（春季和初夏），将油菜秸秆粉碎以后翻耕埋入土壤，添加的秸秆量达到 30%左右（体积比）效果较好；夏季在土壤中深埋入菜籽饼或在秋季将发酵完成的菜籽饼在定植时一并施入土壤，效果很好而且成本低廉。也可使用西南地区非常常见的竹枝竹叶深翻埋入土壤，对提高土壤的透水性效果良好。使用椰糠砖，经过几次反复浸泡处理以后混入土壤也是非常好的方法。建园时在土壤中大量添加腐熟的兔粪、猪牛粪等均是增加土壤有机质含量的良好办法。

西南地区建议田间定植的株行距为 1.5m×2.0m，或者 1.5m×(2.5～3.0)m。

如果是平地果园建议起垄，坡地果园也建议起垄。据观察，四川、重庆多连阴雨，如遇连阴雨坡面上不积水，但是土壤里面积水很难排出，而且起垄有利于根部透气。

定植前起垄：垄的高度为 15～30cm，垄面宽度为 0.8～2.0m 均可。

定植时间：每年的 10 月以后至第二年的 3 月以前最佳。

定植方法：根据种苗大小，在垄上挖深 20～50cm、直径 50～80cm 的定植穴，将营养钵去除，苗木放入并将根系展开，然后覆土将根系全部盖住，向上轻轻提苗 1 次，使根系与种植土充分结合即可。覆土与垄面齐平或略高于垄面，切不可低于垄面。定植后浇透定根水，使根系与土壤充分接触。重庆及西南其他地区秋冬季节雨量丰沛，如无明显冬旱，第二年春季萌芽前均不必再进行灌溉。

3.2.2　生长期的栽培管理技术

3.2.2.1　土壤管理

土壤管理是果园管理最重要的环节，对蓝莓果园尤其如此。蓝莓果园只要土壤 pH 保持在 4.5～5.5、有机质含量达到 6%左右，蓝莓植株的生长便可以维持在一个良好的状态。

土壤 pH 的调整和有机质的添加最好在建园时完成。

据调查，蓝莓在重庆及西南其他地区，尤其是定植之后的前 3～5 年，每年最重要的管理工作便是整个生长季节杂草的防除和夏季干旱季节的土壤灌溉。

杂草管理：可以进行人工除草、地膜或地布覆盖、作物秸秆覆盖。还可以尝试行间生草，选择种植豆科牧草等。

目前田间杂草的防除在全世界都是令人头疼的问题，除了栽培抗除草剂的转基因作物外，人们还没有找到更为经济、环保、有效的除草方法，蓝莓果园亦是如此。蓝莓对除草剂比较敏感，使用除草剂是不推荐的方法。目前蓝莓果园的杂草防除，前期主要采用覆盖地膜（图 3-2），效果也并不理想，而且地膜寿命短，在重庆等地经过 1 个夏天的高温强光日晒，地膜即失去杂草防除作用，而且不易回收干净，非常容易造成田间污染。有果园采用地布全园覆盖，防草效果好于地膜，但成本和污染的问题同样不容小觑。小面积果园可以采用作物秸秆覆盖，覆盖厚度需要在 10cm 以上才会有比较明显的效果。也可以采用株间覆盖、行间生草，使用便携式除草机定期割除行间杂草。

图 3-2　蓝莓果园的田间地膜覆盖

据了解统计，单纯采用人工除草，仅除草一项支出，一般在前 3 年就占到了蓝莓果园管理成本的 2/3 以上。

西南地区热量丰富，南高丛蓝莓和兔眼蓝莓生长迅速，只要品种选择得当、土壤 pH 适宜和有机质含量高，一般 2 年生组培苗定植后第 3 年，株高可以超过 1m，植株行间郁闭度增加，杂草的生长受到明显抑制，而且植株高度足够。每年在开花前和采果后，在果园内放牧鹅、鸡、蓝孔雀、小羊等，既可以明显减少果园除草的工作量，也可以增加果园有机质含量，减少虫害。

水分管理：蓝莓和其他木本果树最大的差异在于没有明显的主根，不像葡萄等根系可以深达地下 10m。蓝莓无明显的主根，以须根为主，根系生长速度较为缓慢，而且根系主要分布在地表下 20～60cm 的土层，因此蓝莓对土壤环境变化的适应能力有限，不仅无法在干旱时有效利用土壤表层和深层的水分，也无法有效抵御淹水造成的根域缺氧（王忠和等，2010）。蓝莓对水分亏缺反应敏感，Mingeau 等（2001）发现，高丛蓝莓发生干旱后，叶片蒸腾速率迅速下降，植株的生长发育受阻。发生淹水后，蓝莓植株的叶片数量减少、叶面积减小、枝条和根系的生长量减少（Crane and Davies，1989），碳同化速率降低（吴林等，1997；Davies and Florc，1986），花芽分化延迟、果实发育受阻，果实品质降低（Abbott and Gough，1987）。作者在西南地区通过观察发现，夏季蓝莓缺水时会出现新梢叶片发红、生长期的果实萎缩变小和无光泽等不良症状。

西南地区与蓝莓原产地的气候条件有较大的差异，也与我国北方气候条件差异巨大。西南地区雨量丰沛，年降水量多在 1000mm 以上，春季和秋冬季几乎都有明显的降水，果园完全无须灌溉。除较为特殊的年份外，夏季的天然降水基本可以满足生长的需要。经过观察发现，蓝莓定植 3 年以后，西南地区的天然降水基本可以满足蓝莓全年的需要。

为了保证新植果园苗木的安全，有条件的果园可以安装滴灌或喷灌设备，在定植后的前 3 年注意灌溉。如无此条件，可以在果园内挖掘山坪塘蓄积雨水用于浇灌。

果园内需要开挖排水沟，并需要在梅雨季节经常检查疏通，防止果园积水造成的烂根。

3.2.2.2　施肥管理

蓝莓施肥问题争议颇多。有研究表明，兔眼蓝莓在营养含量极低或无肥力的土壤中生长几个季节后生长状况良好，产量充足（Austin and Gaines，1984；Austin and Brightwell，1977）。当土壤 pH 在 4.0～5.5 时，土壤养分可利用性较低，植物可吸收的矿物元素数量有限，但蓝莓的生长状况良好，因此多数人认为蓝莓属于寡营养植物，能够在超乎寻常的低水平肥力下存活。然而，长期实践表明，蓝莓商业生产仍需要充足的养分供给，合理的施肥模式有利于蓝莓幼苗的快速生长及成年树丰产。

有机肥：本实验室利用兔粪、牛粪、猪粪、菜籽饼分别与土壤按体积比 1∶5 混合，研究不同种类有机肥对南高丛蓝莓'南好'和'Reka'幼苗生长的影响。结果表明：蓝莓幼苗在添加了菜籽饼的土壤中生长 6 个月后，株高、地径的平均增量，叶绿素、可溶性糖的平均含量均高于对照和其他处理组。这说明，在重庆地区蓝莓幼苗栽培中，菜籽饼可以作为土壤改良和施肥的最佳选择。可将菜籽饼与土壤按照体积比 1∶5 的比例混入土壤中作基肥，或按照体积比 1∶10 的比例兑水灌根追肥。

化学肥料：蓝莓喜氨态氮，在生产中使用硫酸铵比其他类型的氮肥效果好。实际操作中还可以将硫酸铵和磷酸二氢钾混合施用。硫酸铵可以在春季蓝莓生长迅速时地面撒施，每株 30～50g，磷酸二氢钾最好在春季用 3‰～5‰的水溶液喷施。

据观察，在西南地区于蓝莓幼果膨大期施用速效氮肥的效果不错。

根外追肥最好选择空气湿度大的早晨、傍晚、雨后或阴天进行。

施肥时间和方法：根据近 20 年的观察试验，在重庆及西南其他地区秋季 10～12 月施用有机肥，施用充分腐熟发酵完成的菜籽饼和兔粪、猪粪、牛粪等均可，施肥量可以较大，可以占全年施肥量的 1/2 以上。秋季在蓝莓株间挖穴，将有机肥埋入土壤中。春季 3～4 月幼果膨大期根据需要可以地面撒施速效氮肥，叶面喷施磷酸二氢钾等。其余时间，尤其是夏季不宜施肥，否则会大量促发秋梢，造成树体通风透光不良，影响第二年的结果。

3.2.2.3　整形修剪

蓝莓的整形修剪主要分为幼年树整形与成年树修剪。

幼年树：1～3 年的幼年树以抹花芽为主。幼年树整形的目的是促进营养生长，尽快扩大树冠。

成年树：3 年以上的成年蓝莓树的修剪在采果完成以后进行 1 次即可，时间是 10 月以后（休眠期）。修剪要点：第一是剪除病虫枝和枯枝；第二是剪除树体底部细弱枝条；第三是疏除树体中部过密枝条。修剪的目的是调整树体结构，使树体通风透光良好，保持高产稳产。

需要注意的是：无论是幼年树还是成年树，发现病虫枝条和枯枝均需要剪除。

作者在西南地区通过多年观察发现：蓝莓结果枝条为春梢，第一年抽生的春梢是第二年的结果枝。如果抽生的春梢过多过密，可以在秋季适当疏除少量春梢，但不推荐在生长期，尤其在夏季进行修剪。

3.2.2.4　病虫害防治

选择抗病性强的品种、使用无病毒苗木能在很大程度上减少蓝莓病害。

经过观察发现：重庆及西南其他地区蓝莓常见虫害有叶甲、地老虎、叶蛾，常见病害有锈病、叶斑病。

蓝莓的病虫害防治原则：采用抗性强的品种，培养健壮植株，以依靠蓝莓自身抗性抵御病虫害为主，其余防护措施为辅，尽量少使用化学药物，多采用物理措施和微生物制剂，果实成熟前 20d 至采摘结束禁止用药。

防治措施主要有以下几种。

1）注意控制植株间距，尽量不采用密植的方式，以保证田间每一株蓝莓均有充足的光照和良好的通风条件。

2）任何时段修剪后都必须清理病虫枝和枯枝、落叶，并将其带出果园集中烧毁。

3）根据果园面积，在果园内适当位置固定设置太阳能灭虫灯；整个生长季节果园内悬挂黄色或蓝色粘虫板；在果实成熟期间，在果园内多点设置糖酒醋液瓶杀灭果蝇。

4）在春季和秋季气温稳定在 20～30℃时，在果园内按照使用说明全园施用各种微生物制剂如绿僵菌、白僵菌、胶质芽孢杆菌、富硒地衣芽孢杆菌、绿色木霉等，让果园土壤形成正常的微生物环境，控制和杀灭地下害虫、减少病害发生，提高蓝莓的产量和品质。

3.2.3　蓝莓的采摘

蓝莓果序上的果实成熟度不一致（图 3-3），进入成熟期后，果序上的果实从下部向上逐渐成熟。成熟的果实如不及时采摘，2～3d 后便会脱落。西南地区尤其是重庆最近几年气候变化非常明显，6 月是蓝莓果实大量成熟的季节，但从 2016 年开始，6 月的雨量明显增多。如果遇雨不及时采摘成熟果实，大量成熟果实掉落到地面后会迅速腐烂。掉落到地面的成熟果实在果园内易被果蝇取食，会迅速造成果蝇蔓延发展，同时会大量累及树上未采摘的成熟果实，损失会迅速蔓延和加重。因此，蓝莓果实成熟后及时和连续的采摘非常重要。

图 3-3　蓝莓果序

采摘最佳时间是在晴天上午的 10 点以后，待果面露水干后再采摘，保质期会长一些。如果遇连续阴雨则必须把成熟果实采收回来，如果不宜鲜食则可以做成加工品等。

人工采摘时最好戴手套或指套，以免蹭掉果粉。西南地区果园多建立在坡地和山地上，机械化采摘基本无法实施。

供鲜食的蓝莓人工采摘较多，供加工的蓝莓可以尝试使用带梳齿的簸箕采摘，速度可以加快。平地果园建园时应留出足够的行距以便于将来的机械化采摘。

面积不大的蓝莓果园采用游客入园采摘的方式是一个降低采摘成本的办法。但此法目前鲜果浪费严重，原因主要是某些采摘游客的素质不高，故注意宣传是必要的。

产量上万斤^①的果园可以购置一台国产小型选果机，并配合建设一座小型冷藏冷冻库。这样采摘回来的鲜果可以立即分选、分级、包装，然后冷藏或 0℃冷冻，延长保鲜期和提高果实品质。

蓝莓与其他乔木果树相比有几个特殊之处：首先，蓝莓为灌木，株型比较矮小，根系分布浅，根生长速度较慢，抗旱能力较差。其次，蓝莓嗜酸性土壤，绝大多数品种在中性以上土壤中生长极为缓慢，甚至会逐渐衰弱死亡。最后，蓝莓果序上的果实成熟度不一致，是逐渐成熟的，需要分批采收，工作量较大；蓝莓成熟季节为夏季，果实为浆果，虽100%可食，但在常温下无法长时间保鲜；重庆和西南地区的蓝莓果园极少有平地，多为山地丘陵果园，地形复杂，很难使用农业机械。建园整地时可使用机械翻耕，其余环节则很难使用机械，仅一些便携式小型农机具可以用来进行田间管理。但蓝莓在重庆地区 5月中旬以后便开始成熟，6 月成熟比较集中，7 月初基本进入采收末期，恰好比我国北方产区提前 1 个月；重庆及西南其他地区地形复杂，小气候多样，北高丛蓝莓、南高丛蓝莓、兔眼蓝莓的许多品种都可以生长，品质也非常不错，蓝莓的栽培也有突出的优势。

———————————

① 1 斤 = 0.5kg

果园管理一直都是保证果树产量和品质的重要环节，土壤管理、灌溉、施肥、整形修剪和病虫害防治是果园管理必不可少的环节。鉴于重庆和西南地区特殊的气候条件及地理特点，建议如下：果园面积不宜大；建园时一定花大力气增加土壤有机质含量，选择适宜的土壤类型和合适的地点；选择南高丛品种中的适应性强、抗病能力强、产量高的品种作为主栽品种，少量配植一些品质好的兔眼品种或北高丛品种；大量使用有机肥和微生物肥料，配置物理灭虫设施；有条件以游客鲜食采摘为主的果园可以建设避雨设施。总之，加强果园田间管理，控制病虫害，提高果实品质，才是在市场竞争中站稳脚跟的重要方法。

（赵 康 李 凌 吴 雷 郭 彪）

参 考 文 献

陈慧都，郝瑞，关爱年，等，1990. 越橘工厂化育苗研究.中国农业科学，23（3）：44-50.

李京，张妍妍，张建瑛，2013. 蓝莓组培苗瓶外生根技术的优化. 林业科技，38（5）：4-6.

李凌，李政，2009. 一种越橘组织培养中的增殖培养基配方：中国，ZL200910103673.9.

李政，李凌，2011. 一种简便的越橘组培生根苗的移栽方法：中国，ZL 200910103674.3.

王忠和，李早东，王义华，2010. 山东省烟台和威海地区果园土壤有机质含量普查分析. 中国果树，5：15-17.

吴林，李亚东，张志东，等，1997. 三种类型越桔在淹水逆境下生理及形态反应的比较. 园艺学报，24（3）：287-288.

Abbott J D，Gough R E，1987. Growth and survival of the highbush blueberry in response to root zoon flooding. J Amer Soc Hort Sci，112：603-608.

Austin M E，Brightwell W T，1977. Effect of fertilizer applications on yield of rabbiteye blueberries. J Ame Soc Hort Sci，102：36-39.

Austin M E，Gaines T P，1984. An observation of nutrient levels in old unfertilized rabbiteye blueberry plants. HortScience，19：417-418.

Crane J H，Davies F S，1989. Flooding response of Vaccinium species. HortScience，24：203-210.

Davies F S，Flore J A，1986. Gas exchange and flooding stress of highbush and rabbiteye blueberries. J Amer Soc Hort Sci，111：565-571.

Retamales J B，Hancock J F，2012. Blueberries. London：CABI：13.

Mingeau M，Perrier C，Améglio T，2001. Evidence of drought-sensitive periods from flowering to maturity on highbush blueberry. Scientia Horticulturae，89（1）：23-40.

第4章 蓝莓的栽培基质研究

4.1 影响蓝莓生长的土壤条件

4.1.1 土壤 pH

蓝莓喜酸性土壤，对土壤 pH 极为敏感，因此 pH 是栽培蓝莓时需考虑的最重要因素之一。Coville（1937）认为 5.0 是最适宜蓝莓生长的土壤 pH。进一步的研究结果表明，蓝莓栽培土壤的适宜 pH 为 4.0～5.2，最适 pH 为 4.5～4.8（Hamer，1944）。当土壤 pH 为 4.0 时，蓝莓植株的生长发育比 pH 为 3.4、5.5、6.8 的都好（Johnston，1942）。土壤 pH 为 3.4 时，蓝莓植株生长受阻，叶片会出现边缘焦枯等症状，而当 pH 降至 3.8 时，植株恢复正常生长，说明 pH 3.8 为蓝莓生长的下限值（Merrill，1939）。同时有研究表明，蓝莓生长所需的土壤 pH 最高值为 5.5（Austin et al.，1986）。当蓝莓生长在高 pH 的土壤中时，通常植株生长迟缓，叶片失绿，严重时可能死亡，土壤高 pH 引起的生长受阻，即使降低土壤 pH，伤害通常也不能恢复（Hart，2006）。当蓝莓生长在 pH 4.0～5.5 的土壤时，获得了最佳的生长量和生产力（Korcak，1989）。此外，不同品种蓝莓的适宜土壤 pH 范围也有所不同，高丛蓝莓和半高丛蓝莓适宜的土壤 pH 为 4.5～5.5，北高丛蓝莓为 4.0～5.2，最适 pH 为 4.5～4.8（Haynes and Swift，1985a）。兔眼蓝莓适宜的土壤 pH 为 3.9～6.1（Spiers，1984）。

土壤 pH 会影响土壤中营养元素的存在形式和可利用性。当土壤 pH 过高时，铵态氮会在微生物作用下转化为不易被蓝莓吸收的硝态氮，从而导致植株缺氮（Baily and Kelley，1959）。除了缺氮以外，高 pH 土壤中还普遍存在可溶性铁、锰、锌、铜等元素含量较低的问题（Haynes and Swift，1985b），但通过调整 pH 可以提高这些元素的可利用率。过高或过低的土壤 pH 都不利于蓝莓的正常生长。当土壤 pH 过高（大于 5.2）时，土壤中的自由铁会与有机物质形成络合物，蓝莓根系将不能吸收被固定的铁（Brown and Draper，1980），容易发生缺铁黄化现象；相反，如果 pH 过低（接近 3.0～4.0）时，植株叶片开始出现枯萎、脱落及生长衰弱现象，主要是因为 pH 过低引起一些重金属如锰等累积产生的毒害（赵爱雪等，2008）。pH 大于 5 的土壤，多以施硫黄粉的方式来降低土壤 pH，而针对 pH 小于 4 的土壤，可用石灰调高 pH（Haynes and Swift，1985b）。

4.1.2 土壤有机质含量

蓝莓的须根需要疏松的土壤，这使得有机质含量高的沙质土壤更有利于栽培蓝莓。有机质是土壤中多种矿质元素的重要来源，尤其是氮、磷，其原理是有机质在土壤微生物的作用下加速分解，释放出可供植物利用的营养元素和腐殖酸类物质，可以有效促进植物生长。作为土壤肥力的主要基础物质之一，土壤有机质能有效改善土壤的理化性质

（谢兆森和吴晓春，2006）。腐殖质含量是评估土壤肥力的重要指标之一，会影响土壤的通透性、渗透性、吸附性、缓冲性等理化性质，可消除或缓解由某些逆境条件导致的作物生长受阻（窦森等，2008）。有研究证明，有机质作为重要的胶结物质，有利于土壤的团聚体的形成与稳定，提高了土壤持水性，增加了土壤的通气性（马成泽，1994）；同时，赵兰坡和姜岩（1987）认为，有机质可以增强土壤中酶的活性。

4.1.3　土壤结构

蓝莓属于浅根系植物，根系十分不发达，呈极细的纤维状，且没有根毛，主要生长在 30～45cm 深的表层土壤。因此，对土壤的要求比一般果树更严格，其中透气性、排水性等条件对蓝莓生长有很大影响，不适宜的土壤条件常导致蓝莓栽培失败。蓝莓根系纤细且生长缓慢，所以不耐干旱，在黏重的土壤中很难穿透，从而限制地上部分的生长，土壤板结将不利于根系的伸长生长。Eck（1988）认为，砂含量高的轻质土是栽培蓝莓的最佳土壤类型。

4.1.4　菌根

菌根是某些真菌侵染植物根部并与其形成的共生体。野生蓝莓中普遍存在菌根真菌寄生，杨秀丽（2010）研究发现，大兴安岭地区野生蓝莓根部的菌根侵染率高达 75%。在低磷、低硝酸盐、低钙和高有机质（Vega et al.，2009）的土壤中，杜鹃菌根与蓝莓的根易形成共生关系，菌根对蓝莓的生长有很重要的促进作用，接种菌根可以增加植株、根系和芽干重（Yang and Goulart，2002）。菌根能弥补蓝莓没有根毛带来的缺陷，代替根毛吸收土壤中的磷、铁等营养元素和水分，并能阻止磷从蓝莓根向外排泄（谢兆森和吴晓春，2006）。

菌根增加了蓝莓对土壤养分的吸收效率，提高了水分的可利用率，保护蓝莓植株免受有毒元素的影响，如会随 pH 的减少而增加的铝浓度（Scagel and Yang，2005）。菌根组织也提高了植株对高浓度铜和锌的耐受能力。同时，还能促进蓝莓对土壤中可溶性无机氮和磷的吸收，以及对有机或不溶性氮和磷物质的利用，对增加蓝莓的营养吸收有重要作用。Kosola（1989）等研究表明，蓝莓苗成功接种菌根后对硝态氮的吸收能力有所提高。菌根可以吸收铵离子和硝酸盐离子，并将它们转移到寄主植物上。菌根也可以使用有机化合物如氨基酸、肽、蛋白质和聚合物如甲壳素、木质素，将大量的氮转移到植物宿主体内。当有有机氮源时，杜鹃菌根能够同时将碳和氮转移到寄主植物上，从而抵消维持真菌生长消耗的一部分碳（Yang and Goulart，2002）。蓝莓的菌根侵染与栽培品种、施肥速度、土壤有机质的含量和类型有关。通常，施肥量的增加会减少菌根的定植（Hanson，2006）。用有机物料（如腐烂的木屑、泥炭）对土壤进行改良也可以减少菌根感染。

4.1.5　土壤的水分及养分

蓝莓根系的组成和分布特点决定了它对土壤环境变化的适应能力有限，不仅无法在干旱时有效利用土壤表层和深层的水分，也无法有效抵御淹水造成的根域缺氧（谭钺等，2015）。蓝莓对水分亏缺反应敏感，Mingeau 等（2001）发现，高丛蓝莓发生干旱后，叶片蒸腾速率迅速下降，植株的生长发育受阻。而发生淹水后，蓝莓植株的叶片数量减少、叶面积减小、枝条和根系的生长量减少（Crane and Davies，1989），碳同化速率降低（Davies and Flore，1986；吴林等，1997），花芽分化延迟、果实发育受阻，果实品质降低（Abbott and Gough，1987）。

与其他果树相比，蓝莓的养分需求较低。有报告显示，在没有养分供给的低肥力土壤中种植的兔眼蓝莓也可以良好地生长结实（Austin and Brightwell，1977；Austin and Gaines，1984）。蓝莓必需的矿物质养分主要有氮、磷、钾，其中氮最为重要，蓝莓的需氮量明显高于其他浆果类作物（Hanson and Hancock，1996）。相关研究结果表明，蓝莓是喜铵态氮植物，比起硝态氮，更容易吸收土壤和肥料中的铵态氮（和阳等，2010），除非土壤 pH 过低，否则不施用硝态氮肥料（才丰等，2013）。中性或碱性土壤中易发生硝化作用，即铵态氮在硝化微生物的作用下迅速转化为蓝莓不易吸收的硝态氮。而在酸性土壤中，氮主要以铵态氮的形式存在，就能够有效和稳定地被蓝莓吸收，促进植株的生长发育，这也是蓝莓喜爱酸性土壤的主要原因之一。酸性土壤往往伴随着钙、镁的含量不足，而铁、锰、铝过多。但是，少量的钙和镁适宜蓝莓的生长发育，并且蓝莓对过多的铁、锰、铝有很大的耐性，所以它在酸性土壤上表现为生长正常。同时，土壤 pH 也影响着锰、锌、铜等元素的含量。当栽培土壤的 pH 过高时，可溶性锰、锌、铜含量较低，钠、钙离子积累过量，阻碍了蓝莓植株的正常生长和结实。有机质含量高的土壤，氮肥利用率高，可降低施肥水平。然而，当添加有机覆盖物时，需要提供额外的氮，因为微生物需要一些氮来分解这些材料（Eck et al.，1990）。在大多数情况下，商业种植通常需要定期施肥（Krewer and Ne Smith，1999）。

4.2　土壤改良现状

在 20 世纪 80 年代以后，蓝莓的种植面积在世界范围内显著增加，但由于蓝莓对土壤条件要求严苛，多数地区的土壤都不适宜栽培蓝莓，极大地限制了其发展规模，因此土壤改良是扩大蓝莓栽培面积过程中十分重要的环节。

国外对栽培蓝莓土壤的改良工作早在 1940 年就已开始，主要集中在提高土壤有机质含量、调节土壤 pH、地面覆盖三个方面。Bailey（1940）研究了在栽培土壤中施入石灰对蓝莓生长的影响，Kramer 等（1941）研究了用锯末等有机物料覆盖对蓝莓生长发育的影响。Merrill（1944）研究了适宜蓝莓生长的土壤 pH 范围。

国内关于蓝莓栽培土壤改良的研究起步较晚，李亚东等（1994a，1994b，1995，1996）、李亚东和吴林（1997）研究了利用锯末和烂树皮进行地面覆盖以改良土壤，以及利用硫黄粉调节土壤 pH 对蓝莓生长结果和营养吸收的影响。此后，唐雪东（2003）系统地研究了蓝莓在改良黑壤土的生长结实和营养吸收情况，结果表明，对蓝莓生长影响最大的制约因素是土壤 pH，同时得出有机物料的改良效果较好，可以优化土壤结构、促进蓝莓生长，其中添加草炭的处理植株生长表现最佳。目前，我国的土壤改良工作主要集中在调节土壤 pH 和增加土壤有机质两个方面（唐雪东等，2013）。

4.2.1　有机物料改良土壤

蓝莓栽培土壤的改良广泛采用掺入有机物料或生物覆盖的方法，使有机质含量达 5% 以上，以改善土壤结构。

在北美洲，种植蓝莓之前通常会在土壤中加入泥炭、树皮、锯末、腐叶和生物肥料，以增加土壤有机质含量、通气和保水能力，促进蓝莓植株的生长和营养吸收，并提高果实产量（Haynes and Swift，1986；McArthur，2001）。

Coville（1910）指出了泥炭对成功栽培野生沼泽蓝莓（*Vaccinium corymbosum*）的重要性。因为泥炭 pH 较低，常被用于调节蓝莓栽培土壤的 pH（Moore，1993；Albert et al.，2010）。但在许多地区，泥炭是一种有限的资源，在有机生产中使用的可持续性受到挑战。Odneal 和 Kaps（1990）研究表明，在美国密苏里州的矿质土壤中，每株添加 4L 粉碎的松树皮可以代替泥炭改良高丛蓝莓的栽培土壤。在土壤中添加锯末能够优化土壤结构，具有轻松通气、吸湿保水性强、缓冲性能好等特点，但在降低土壤 pH 方面不如草炭。而且由于锯末本身具有较高的碳氮比，在利用锯末改良土壤时，需要加入一些有机肥来消除其不利影响（Chen，1987）。蓝莓栽培土壤改良时应避免用新鲜锯末，因为生锯末的施用会导致蓝莓植株叶片钙含量升高，而且极大地影响了植株对氮的吸收利用（Townsend，1973）。然而，对利用腐烂的锯末改良蓝莓栽培土壤的研究发现（Yang and Goulart，2000），由于锯末影响了土壤氮素的矿质化过程，相比于加入其他物质的处理，植株叶片的光合作用较低，植株生长受阻。因此，在用锯末改良土壤时，应与其他有机物料配合，且注意适当补充硫元素和氮肥。此外，Gough（1994）建议在初夏播种绿肥作物，并在蓝莓定植前的初秋将绿肥作物翻耕并混入土壤中。绿肥除了提供氮和抑制杂草生长外，还可能会增加土壤有机质含量（Neilsen et al.，2009；Carroll et al.，2015）。

唐雪东等（2004）研究发现：在黑土中加入苔藓、草炭、锯末、酒糟等可明显优化土壤的理化性质，满足蓝莓正常生长所需的高含量有机质、疏松湿润的强酸性土壤条件，促进植株生长发育。特别是加入草炭和苔藓，植株的各项生长和生理指标最优，植株生长发育良好，同时还发现，如果草炭与硫黄粉混合使用，改良效果更好（唐雪东，2003）。

在中国，利用草炭、苔藓、锯末等有机物料存在着价格昂贵和资源浪费及短缺等弊端，而用资源丰富、价格相对低廉的农作物秸秆改良土壤已有许多研究报道。秸秆混入土壤后可以改善土壤的理化性状，增加土壤有机质，降低土壤容重，使土壤疏松，改善土壤的通气状况，同时能增加土壤中微生物的数量，有利于植物的生长（吴菲，2005）。但秸秆添加到土壤中，会消耗一定量的氮素，导致碳氮比过大。因此，赵珊珊（2009）经过试验后推荐，在利用干玉米秸秆改良土壤栽培蓝莓时，施加占秸秆重量 1% 左右的氮肥，能有效促进蓝莓的生长发育。徐品三等（2008）对棕壤土施用松针的研究表明，利用松针改良土壤也是可行的，松针配合硫黄粉能有效降低土壤 pH，增加土壤缓冲性，提高其对土壤中矿质元素的吸收效率，促进蓝莓植株的生长。由于松针资源丰富，价格比草炭、苔藓低廉，可考虑用于蓝莓产业化栽培。

赵康（2015）在紫色土中添加兔粪、牛粪、猪粪、菜籽饼，结果表明可以显著增加紫色土的有机质含量和 N、P、K 含量。其中当腐熟菜籽饼和紫色土的体积比为 1∶7 时，蓝莓植株株高、地径增量，叶绿素、可溶性糖含量均显著高于对照和其他处理，会促进蓝莓生长发育，可作为紫色土改良措施。

4.2.2　调节土壤 pH

土壤 pH 较高，是蓝莓新种植区普遍存在的问题。国内外目前通常以施硫黄粉来降低土壤 pH。硫黄是一种惰性、难溶于水的黄色固态晶体，自然条件下处于还原状态（Biebaum，1977），施入后需要 40～80d 分解后才能起调节土壤 pH 的作用。硫黄对土壤 pH 的调节效果稳定，而且持续时间长，可维持 3 年以上，作用机理为硫黄施入土壤后，被硫细菌氧化成硫酸酐，硫酸酐再转化成硫酸，硫酸起调节 pH 的作用，即氧化过程为：$S^0 \rightarrow S_2O_3^{2-} \rightarrow S_4O_6^{2-} \rightarrow SO_4^{2-}$。但是，硫黄的施入会导致土壤的盐离子浓度增加，影响植物体内的元素代谢和植株的营养状态。因此在蓝莓栽培中一定要适时浇水，减少土壤可溶性盐对植株的伤害（Yang and Goulart，2002）。在 pH 较高的土壤中栽培蓝莓前，可以施用硫黄粉以增加土壤酸度（Retamales and Hancock，2012；Carroll et al.，2015）。施硫黄粉与种植蓝莓之间的最短时间间隔为 6 个月（Gough，1994）。

施用硫黄粉可有效地降低土壤 pH，但对于不同的土壤类型、不同酸碱度土壤，施用硫黄粉的量也不尽相同。唐雪东等（2007）对长春地区近中性的黑钙土的研究发现，每立方米土加入 1kg 硫黄粉，土壤 pH 约下降 2，而每立方米加入 2kg 的硫黄粉，土壤 pH 下降 2.7～3。要让 pH 为 5.9 的草甸沼泽土和 pH 为 5.6 的暗棕色森林土达到 pH 小于 5.0 的适合蓝莓生长的土壤要求，每平方米土需要施入的硫黄粉量为 130g。

土壤中加入硫黄粉和有机物料在降低土壤 pH、增加有机质的同时，也对蓝莓的根域环境起调控作用。研究表明，土壤中加入硫黄粉、草炭和秸秆后，蓝莓根域土壤微生物数量增加，土壤酶活性升高，有机酸等根系分泌物含量增加，根系对氮、磷、镁等营养元素的吸收量增多，植株生长状况良好。进行土壤 pH 调节要针对不同的土壤类型、土壤酸碱度和不同蓝莓品种适宜的 pH 范围，添加适量的硫黄粉（唐雪东等，2013）。

4.3　不同有机物料对蓝莓'Misty'生长发育的影响

蓝莓作为一个新兴的果树树种，不仅有良好的食用和药用价值，同时也具有很高的观赏价值，在园林环境中具有潜在的广阔应用前景，但它对栽培土壤条件的要求十分严格，限制了其发展范围。蓝莓通常在有机质含量高、透气性良好且水分充足而稳定的酸性沙质土壤中生长良好。在我国，这种酸性土壤只有长白山分布面积较大，而其他地区的土壤都存在 pH 偏高、有机质含量偏低、土壤黏重的问题，不适宜蓝莓生长。通过添加有机物料和调节土壤 pH 来解决土壤条件对蓝莓栽培的限制，是扩大蓝莓的区域化栽培面积和产业化规模的发展方向。

紫色土是四川省和重庆市农业土壤的主体。紫色土具有成土作用迅速、矿质养分丰富、宜种性广的特点，但同时也具有有机质含量低、结构破坏、保水能力差、磷钾有效性低等障碍（黄兴成，2016），不是理想的蓝莓栽培基质。但采用合适的措施来改良紫色土以栽培蓝莓，具有较强的理论和现实意义。有研究表明，有机物料能够改善土壤理化性质，使土壤容重下降，总孔隙度增加，田间持水能力增大，增加土壤有机质和各种养分含量，培肥土壤（孔露曦等，2010）。目前广泛使用泥炭作为基质添加物栽培蓝莓，但泥炭是沼泽植物残体经过长期泥炭化形成的，资源有限且价格昂贵，长期大量采挖还会破坏生态环境。而有机物料作为植物的天然产物，具备来源广泛、可循环使用、对环境无污染等优点，从产业化角度考虑，是较理想的改良材料。

有机物料含有丰富的大量元素和多种微量元素，其中作物秸秆被广泛用作肥料、燃料、饲料和工业生产原料。但随着近年来农村经济的发展，秸秆应用价值被忽略，用于生产的秸秆数量大幅度减少，大量秸秆被焚烧，不仅浪费资源，还污染环境。因此，在国家建设生态文明的大环境下，应提高有机物料的利用率，以有机物料为主要添加物的环保基质，可以成为我国作物产业化栽培普及推广时的首选材料。根据不同的作物土壤要求，结合有机栽培基质的组成和理化性状，因地制宜地研究适宜的基质配方和相关的配套栽培技术（王建湘和周杰良，2007）是一个重要的方向。

本试验选择了南高丛蓝莓品种'Misty'作试材，用椰糠、腐叶和油菜秸秆作基质添加物，研究添加有机物料对紫色土理化性状的改良和对蓝莓生长的影响，希望寻找到环保、有机且成本低廉的土壤改良措施。

4.3.1 材料与方法

4.3.1.1 试验材料

供试材料为南高丛蓝莓品种'Misty'。'Misty'需冷量较低，在西南地区生长发育良好。选用株高 30cm 左右、地径 3mm 左右、根系发达、株型美观、生长健壮的 2 年生组培苗。改良紫色土选用的有机物料有 3 种：椰糠、腐叶、油菜秸秆。椰糠购于广州市生升农业有限公司（菲律宾进口），腐叶取自西南大学（香樟叶），油菜秸秆取自西南大学农学与生物技术学院油菜课题组。椰糠在使用前先用清水浸泡漂洗处理，腐叶和油菜秸秆用粉碎机粉碎备用。

4.3.1.2 试验设计

本试验于 2016 年 6～11 月进行，采用盆栽试验，种植盆规格为：21cm×21cm。根据赵康（2015）的研究结果，统一在紫色土中添加腐熟菜籽饼（腐熟菜籽饼：紫色土=1：7）。再将椰糠、腐叶和油菜秸秆与紫色土按照不同体积比例混合后栽培蓝莓。不添加有机物料的紫色土为对照（CK）。配好的混合栽培基质施入适量硫黄粉调节 pH（0.15kg/盆）。每个处理 5 盆，重复 3 次，共 15 盆。具体试验处理见表 4-1。

表 4-1　试验处理

编号	处理
CK	紫色土
A1	椰糠：紫色土=1：4
A2	椰糠：紫色土=2：3
A3	椰糠：紫色土=3：2
B1	腐叶：紫色土=1：4
B2	腐叶：紫色土=2：3
B3	腐叶：紫色土=3：2
C1	油菜秸秆：紫色土=1：4
C2	油菜秸秆：紫色土=2：3
C3	油菜秸秆：紫色土=3：2

4.3.1.3　测定方法

（1）土壤理化性质的测定

土壤采集和保存方法：采样使用梅花形 5 点法，采样深度 0～10cm，装于聚乙烯塑封袋。风干前需压碎大土块，拣出植物根、叶片等各种杂物，及时放入干燥箱风干。风干后研磨至能通过 0.15mm（100 目）尼龙筛子，编号保存于塑封袋中，待测。

土壤 pH 测定：于 2016 年 6～11 月每月 15 日测定。取 5g 土样与 5ml 蒸馏水置于烧杯中，用玻璃棒搅拌 1min，放置 30min 后用 PHscan10 防水笔型 pH 计测定。

土壤有机质含量：于 2016 年 7 月，种植蓝莓 1 个月后，蓝莓生长高峰期前测定。采用 $K_2Cr_2O_7$-H_2SO_4 氧化法。

土壤矿质营养元素测定：于 2016 年 7 月，种植蓝莓 1 个月后，蓝莓生长高峰期前测定。铵态氮的测定采用蒸馏法，有效钾的测定采用火焰光度计法，速效磷的测定采用钼锑抗比色法。

土壤容重、总孔隙度、通气孔隙度及持水孔隙度的测定：于 2016 年 7 月，种植蓝莓 1 个月后，蓝莓生长高峰期前测定。将土样装入 30ml 离心管中，用一湿润纱布包住容器口，放在水中浸泡一昼夜，水要没过容器顶部，饱和水状态下称重为 w_1，将容器倒置，直到没有水分流出为止，称重为 w_2，风干后的土样称重为 w_3，容重 $= w_3/V$，总孔隙度 $= [(w_1-w_3)/V] \times 100\%$，通气孔隙度 $= [(w_1-w_2)/V] \times 100\%$，持水孔隙度 $=$ 总孔隙度 $-$ 通气孔隙度（鲍士旦，2000）。

（2）植株形态观察和生长量的测定

植株生长量观察测定：采取随机取样的方式，于 2016 年蓝莓定植前的 6 月到生长期结束后的 11 月，每月 15 日进行测定。在不同处理每个重复中各随机选择 1 株，每个处理 3 株，分别测定株高、地径、冠幅和分枝量。

（3）叶片生长量，叶绿素、氮素和可溶性糖含量测定

叶片生长量测定：于 2016 年 9 月，蓝莓的生长高峰期结束后测定。在每个处理中挑选 3 株植物，选取当年生枝顶部第 4～6 片生长成熟的叶片，每个处理共计 100 片叶组成样本。使用电子天平称量鲜重后，将叶片用清水冲洗，擦干表面污渍和多余水分，置于 105℃烘箱中杀青 20min，然后在 70～80℃条件下烘干至脆，称其干重、叶片含水量：含水量 = (鲜重－干重)/鲜重×100%。叶面积利用 AM300 叶面积仪进行测定。

叶绿素、氮素和可溶性糖含量测定：于 2016 年 8 月，蓝莓的生长高峰期测定。在每个处理中选择生长势相同的植株，选取当年生枝顶部第 4～6 片生长成熟的叶片，每株 5 片。

叶绿素和氮素含量测定：采用便携式 TYS-3N 型植物营养测定仪活体测定。

叶片可溶性糖含量测定：采用蒽酮比色法测定（鲍士旦，2000）。

（4）果实产量和品质的测定

在 2017 年 5 月结果期调查蓝莓果实座果率。待 6 月果实成熟之后，于树体的同一方向同一位置采收果实，测定不同处理果实的单果重、百果重和单株产量。然后将果实置于冰箱 4℃冷藏，待测。分别测定果实可溶性总糖含量（蒽酮比色法）、总酸含量（酸碱滴定法）和总花色苷含量（分光光度法）（刘萍和李明军，2016）。

4.3.2　结果与分析

4.3.2.1　有机物料与紫色土不同配比对土壤理化性质的影响

（1）有机物料与紫色土不同配比对土壤 pH 的影响

定期测定不同处理的土壤 pH，结果如图 4-1 所示。由图 4-1 可知：在 2 个月后，不同处理的 pH 都有不同程度的下降，之后在不同时间略有回升。在 11 月生长周期结束时，处理 A（添加椰糠）的 pH 均低于对照和处理 B1（腐叶与紫色土体积比 1：4）、处理 B2（腐叶与紫色土体积比 2：3）、处理 C（添加油菜秸秆），其中处理 A1（椰糠与紫色土体积比 1：4）和

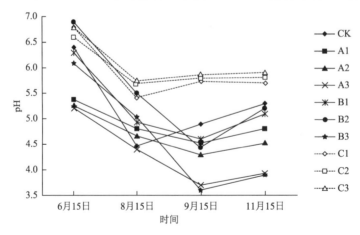

图 4-1　有机物料与紫色土不同配比对土壤 pH 的影响

处理 A2（椰糠与紫色土体积比 2∶3）的 pH 为 4.5～5；处理 A3（椰糠与紫色土体积比 3∶2）的 pH 低于 4。处理 B 中，B1、B2 与对照差异不显著，B3 在 9 月和 11 月 pH 显著低于对照；处理 C 在各个时期的 pH 整体高于对照和其他处理。结果表明，椰糠降低土壤 pH 的作用优于油菜秸秆和腐叶，椰糠的添加量不超过紫色土体积的 2/3 时，pH 可以稳定在适宜蓝莓生长的范围内。

（2）有机物料与紫色土不同配比对土壤容重等的影响

对各处理土壤容重、总孔隙度、通气孔隙度和持水孔隙度的测定结果见表 4-2。由表 4-2 可知：添加椰糠的处理 A 各指标均优于对照，容重减小，孔隙度增大。其中处理 A3（椰糠与紫色土体积比 3∶2）的容重、总孔隙度、持水孔隙度为 1.19g/cm³、54.53%、46.53%，分别为对照的 72.6%、155.7%、148.2%，与对照差异显著；添加不同比例腐叶的处理 B 各项指标与对照差异不显著；添加油菜秸秆的处理 C，与对照相比，容重有所减小、孔隙度增加，其中处理 C1（油菜秸秆与紫色土体积比 1∶4）的容重、总孔隙度、通气孔隙度、持水孔隙度分别为 1.50g/cm³、39.53%、4.87%、34.67%，分别为对照的 91.5%、112.8%、134.2%、110.4%。研究结果表明，添加适量的椰糠和油菜秸秆，有减小紫色土容重、增加持水能力和通气性的效果；腐叶效果不显著。

表 4-2　有机物料与紫色土不同配比对土壤容重等的影响

处理	容重（g/cm³）	总孔隙度（%）	通气孔隙度（%）	持水孔隙度（%）
CK	1.64±0.29a	35.03±0.07b	3.63±0.02a	31.40±0.05b
A1	1.56±0.18a	41.33±0.01b	8.20±0.02a	33.13±0.02b
A2	1.47±0.08ab	44.03±0.06ab	4.83±0.00a	39.20±0.06ab
A3	1.19±0.17b	54.53±0.02a	8.00±0.02a	46.53±0.05a
B1	1.74±0.05a	37.80±0.05b	4.03±0.02a	33.77±0.03b
B2	1.65±0.15a	38.63±0.02b	5.27±0.00a	33.37±0.02b
B3	1.61±0.07a	38.30±0.03b	4.40±0.02a	33.90±0.01b
C1	1.50±0.06ab	39.53±0.09b	4.87±0.04a	34.67±0.05b
C2	1.73±0.09a	38.07±0.10b	4.13±0.03a	33.93±0.07b
C3	1.58±0.07a	35.13±0.02b	5.07±0.01a	30.07±0.03b

注：同一列中不同小写字母表示显著差异（$P < 0.05$）

（3）有机物料与紫色土不同配比对土壤有机质含量的影响

在紫色土中添加有机物料后，不同处理的土壤有机质含量存在差异。由图 4-2 可知：处理 A（添加椰糠）有机质含量较高，随着椰糠添加量的增加，土壤有机质含量逐渐升高，其中处理 A3（椰糠与紫色土体积比 3∶2）达到 7.4%，为对照的 115.6%，差异显著；处理 B（添加腐叶）的有机质含量低于对照和处理 A、C，其中处理 B2（腐叶与紫色土体积比 2：3）最低，为 5.2%，为对照的 81.3%，差异显著，其原因有待进一步研究；处理 C（添加油菜秸秆）的有机质含量较高，随油菜秸秆添加量的增加，土壤有机质含量逐渐降低，分析原因可能是油菜秸秆量过多时，其中的矿质元素过分水溶沉淀，不利于矿化分解，限制了有机质的形成。其中 C1（油菜秸秆与紫色土体积比 1：4）的土壤有机质含量最高，为 7.3%，为对照的 114.1%，差异显著。结果表明，在紫色土中添加适量椰糠和油菜秸秆进行改良，能有效增加土壤的有机质含量。

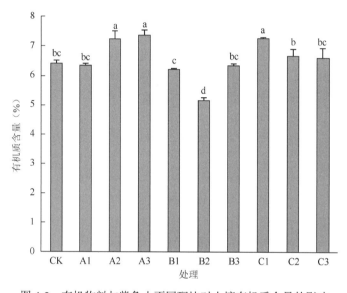

图 4-2　有机物料与紫色土不同配比对土壤有机质含量的影响

（4）有机物料与紫色土不同配比对土壤 N、P、K 的影响

对各处理土壤 N、P、K 的测定结果见表 4-3。由表 4-3 可知：添加椰糠的处理 A 的有效钾含量较高，其中处理 A1（椰糠与紫色土体积比 1：4）为 186.5mg/kg，为对照的 126.4%，差异显著。添加腐叶的处理 B 的各指标含量基本显著低于对照和其他处理，其中处理 B2（腐叶与紫色土体积比 2：3）的铵态氮含量显著低于对照，为对照的 61.9%；处理 B3（腐叶与紫色土体积比 3：2）的有效钾含量显著低于对照，为 133mg/kg，为对照的 90.2%。处理 C 的铵态氮和速效磷含量较高，其中处理 C1（油菜秸秆与紫色土体积比 1：4）的铵态氮含量显著高于对照，为 35.15mg/kg，达到对照的 219.7%；处理 C3（油菜秸秆与紫色土体积比 3：2）的速效磷含量最高，为 37mg/kg，为对照的 113.5%，差异显著。通过测定可以看出，利用椰糠和油菜秸秆改良紫色土后，能够增加 N、P、K 含量。

表 4-3　有机物料与紫色土配比对土壤 N、P、K 的影响　　　（单位：mg/kg）

处理	铵态氮	速效磷	有效钾
CK	16.00±1.41d	32.60±0.71bc	147.50±0.71ef
A1	20.60±0.85c	32.20±0.85bc	186.50±2.12a
A2	21.45±0.07c	32.30±0.08bc	181.50±2.12ab
A3	25.20±1.13b	31.50±0.42c	177.50±3.54bc

续表

处理	铵态氮	速效磷	有效钾
B1	16.00±1.41d	31.30±0.42c	152.50±0.71e
B2	9.90±0.71f	31.90±0.42bc	144.00±1.41f
B3	12.55±0.64e	31.30±0.14c	133.00±4.24g
C1	35.15±1.20a	33.20±0.42b	173.50±0.71cd
C2	19.75±1.06c	32.90±0.57b	169.00±1.41d
C3	10.65±0.92ef	37.00±0.99a	182.00±0.18ab

注：同一列中不同小写字母表示显著差异（$P<0.05$）

4.3.2.2　有机物料与紫色土不同配比对蓝莓生长发育的影响

（1）有机物料与紫色土不同配比对植株生长量的影响

定期测定的植株的生长量见表 4-4。由表 4-4 可知：不同添加量的有机物料对蓝莓生长量的影响与对照有显著差异。添加椰糠的处理 A，处理 A2（椰糠与紫色土体积比 2∶3）的株高增量和分枝量显著高于对照和其他处理，分别为 38.03cm 和 4.66 个，分别为对照的 229.6%和 127.3%。添加腐叶的处理 B，处理 B1（腐叶与紫色土体积比 1∶4）的冠幅和分枝量分别为对照的 80.4%和 72.7%；处理 B2（腐叶与紫色土体积比 2∶3）的株高和地径分别为对照的 65.3%和 94.8%。添加油菜秸秆的处理 C，处理 C1（油菜秸秆与紫色土体积比 1∶4）的地径增量和冠幅显著高于对照和其他处理，分别为 5.04mm 和 35.94cm，分别为对照的 153.2%和 111.7%，差异显著。研究结果表明，使用椰糠和油菜秸秆与紫色土体积比分别为 2∶3 和 1∶4 的两种基质栽培蓝莓，可显著促进蓝莓植株生长，而添加腐叶蓝莓生长受阻。

表 4-4　有机物料与紫色土不同配比对植株生长量的影响

处理	株高增量（cm）	地径增量（mm）	冠幅（cm）	分枝量（个）
CK	16.56±1.40c	3.29±0.38cd	32.17±0.19cd	3.66±0.57abc
A1	27.23±2.63b	3.04±0.68cd	27.13±1.55fg	3.33±0.57bc
A2	38.03±1.77a	4.39±0.21ab	34.77±0.77ab	4.66±0.57a
A3	18.81±0.10c	3.00±0.15cd	32.36±1.35cd	3.66±0.57abc
B1	12.46±1.71d	3.70±0.13bc	25.85±0.38g	2.66±0.57c
B2	10.82±0.88d	3.12±0.02cd	30.62±0.77de	3.00±0.00c
B3	16.79±2.15c	4.26±0.26ab	28.77±0.76ef	3.33±0.57bc
C1	36.93±0.67a	5.04±0.07a	35.94±0.86a	4.33±0.57ab
C2	25.43±0.03b	4.80±0.69a	33.01±0.70bc	3.66±0.57abc
C3	18.64±0.05c	2.67±0.22d	29.23±1.27de	3.33±0.57bc

注：同一列中不同小写字母表示显著差异（$P<0.05$）

（2）有机物料与紫色土不同配比对叶片生长指标的影响

对各处理蓝莓植株叶面积、叶长和叶宽的测定结果见表 4-5。由表 4-5 可知：处理 A（添加椰糠）中，处理 A2（椰糠与紫色土体积比 2：3）的叶面积、叶长、叶宽显著高于对照，分别为 9.84cm²、4.76cm、2.8cm，分别为对照的 160.5%、117.5%、127.3%。处理 B（添加腐叶）中，处理 B3（腐叶与紫色土体积比为 3：2）的叶面积仅为 5.36cm²，为对照的 87.4%。处理 C（添加油菜秸秆）中，处理 C1（油菜秸秆与紫色土体积比 1：4）的叶面积、叶长和叶宽分别是 8.32cm²、4.49cm、2.61cm，分别为对照的 135.7%、110.9%、118.6%，差异显著。研究结果表明，当椰糠和油菜秸秆与紫色土体积比分别为 2：3 和 1：4 时，可促进植株的叶片生长。

表 4-5　有机物料与紫色土不同配比对叶片生长指标的影响

处理	叶面积（cm²）	叶长（cm）	叶宽（cm）
CK	6.13±0.34de	4.05±0.08cd	2.20±0.01cd
A1	8.03±0.74b	4.49±0.15ab	2.79±0.03a
A2	9.84±0.13a	4.76±0.05a	2.80±0.10a
A3	5.80±0.31de	3.70±0.07e	2.15±0.04de
B1	6.63±0.02cd	4.06±0.07cd	2.34±0.06bc
B2	6.71±0.11cd	4.38±0.12bc	2.28±0.01bcd
B3	5.36±0.03e	3.81±0.15de	2.02±0.06e
C1	8.32±0.07ab	4.49±0.33ab	2.61±0.03ab
C2	7.27±0.79bc	4.40±0.15bc	2.35±0.12bc
C3	6.55±0.29cd	4.31±0.05bc	2.19±0.10cd

注：同一列中不同小写字母表示显著差异（$P < 0.05$）

（3）有机物料与紫色土不同配比对叶片生物量的影响

测定的各处理蓝莓植株的叶片生物量见图 4-3。由图 4-3 可知：添加椰糠的处理 A

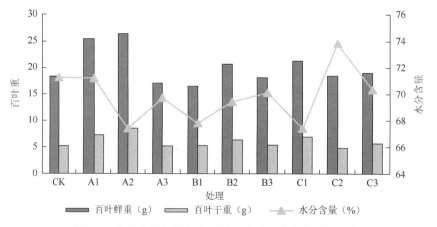

图 4-3　有机物料与紫色土不同配比对叶片生物量的影响

中，处理 A2（椰糠与紫色土体积比为 2∶3）的百叶干重最高，达到 8.59g，显著高于对照和其他处理，为对照 5.26g 的 163.3%；添加不同比例腐叶的处理 B，与对照差异不显著；添加油菜秸秆的处理 C 中，处理 C1（油菜秸秆与紫色土体积比为 1∶4）的百叶干重为 6.94g，为对照的 131.9%，差异显著。各处理间的水分含量差异不显著。结果表明，使用椰糠和油菜秸秆与紫色土体积比分别为 2∶3 和 1∶4 的两种基质栽培蓝莓，可以在蓝莓生长发育过程中增加叶片干物质积累，提高叶片生长质量。

（4）有机物料与紫色土不同配比对叶片生理指标的影响

对各处理植株叶片叶绿素、氮素和可溶性糖含量的测定结果见表 4-6。由表 4-6 可知：在处理 A（添加椰糠）中，处理 A1（椰糠与紫色土体积比 1∶4）的可溶性糖含量达到 10.3%，为对照的 123.4%；处理 A2（椰糠与紫色土体积比 2∶3）的叶绿素含量为 15.55SPAD（TYS-3N 型便携式植物营养测定仪的叶绿素单位），显著高于对照。处理 B（添加腐叶）中，处理 B2（腐叶与紫色土体积比为 2∶3）的叶绿素显著低于对照，为对照的 96.6%；处理 B3（腐叶与紫色土体积比 3∶2）的可溶性糖含量仅是对照的 74.9%，差异显著。在处理 C（添加油菜秸秆）中，处理 C1（油菜秸秆与紫色土体积比 1∶4）的叶绿素含量为 17.30SPAD，为对照的 116.9%，与对照差异显著。这说明在紫色土中添加适量椰糠和油菜秸秆作为有机物料进行改良，对促进蓝莓叶片生理代谢有良好的影响。

表 4-6　有机物料与紫色土不同配比对叶片生理指标的影响

处理	叶绿素含量（SPAD）	氮含量（%）	可溶性糖含量（%）
CK	14.80±0.14c	1.00±0.01a	8.35±0.01abc
A1	15.25±0.21bc	1.00±0.00a	10.30±0.00a
A2	15.55±0.35b	1.10±0.01a	9.50±0.00ab
A3	14.10±0.28e	0.90±0.00a	9.15±0.00ab
B1	15.20±0.00bc	1.10±0.01a	6.90±0.01cd
B2	14.30±0.28de	1.00±0.01a	7.80±0.00bcd
B3	14.75±0.07cd	1.00±0.01a	6.25±0.00d
C1	17.30±0.28a	1.20±0.00a	7.50±0.00bcd
C2	15.65±0.07b	1.10±0.01a	9.40±0.00ab
C3	15.15±0.07bc	1.00±0.01a	8.40±0.01abc

注：同一列中不同小写字母表示显著差异（$P < 0.05$）

（5）有机物料与紫色土不同配比对蓝莓果实发育的影响

座果率是衡量果实发育的重要指标，本试验研究结果表明：椰糠、腐叶和油菜秸秆与紫色土不同配比对蓝莓果实产量有一定的影响。由表 4-7 可知：添加椰糠的处理 A 中，处理 A2（椰糠与紫色土体积比为 2∶3）的单株产量显著高于对照和其他处理，达到 358.68g，为对照的 249.0%，座果率为 87.50%，为对照的 142.2%，差异显著。添加腐叶的处理 B，座果率相对较低，均显著低于对照，其中处理 B2（腐叶与紫色土体积比为 2∶3）的座果率为 0。添加油菜秸秆的处理 C 中，处理 C1（油菜秸秆与紫色土体积比 1∶4）的座果率显著高于对照，达到 91.67%，为对照的 149.0%，单株产量为 258.92g，为对照的 179.8%，差异显著。各处理间单果重差异不显著。可见使用椰糠和油菜秸秆与紫色土体积比为 2∶3 和 1∶4 的两种基质栽培蓝莓，在促进蓝莓果实发育方面作用更显著，腐叶的添加不利于蓝莓的正常结实。

表 4-7　有机物料与紫色土配比对蓝莓果实发育的影响

处理	座果率（%）	单果重（g）	单株产量（g）
CK	61.54d	1.11a	144.04d
A1	67.74c	1.14a	137.04e
A2	87.50a	1.28a	358.68a
A3	50.00e	1.08a	151.48d
B1	37.50f	1.03a	133.25e
B2	0.00g	0.00b	0.00g
B3	50.00e	1.04a	187.02c
C1	91.67a	1.18a	258.92b
C2	75.00b	1.14a	113.60f
C3	72.73bc	1.08a	183.26c

注：同一列中不同小写字母表示显著差异（$P<0.05$）

（6）有机物料与紫色土不同配比对蓝莓果实品质的影响

对各处理的果实总糖、总酸和总花色苷含量的测定结果见表 4-8。由表 4-8 可知：对照糖酸比例为 4.9，添加椰糠的处理 A 中，处理 A2（椰糠与紫色土体积比为 2∶3）的总糖含量最高，达到 12.61%；总酸含量最低，为 1.76%；总花色苷含量最高，为 9.04%；糖酸比和总花色苷含量显著高于对照和其他处理组，分别为对照的 146.2% 和 110.9%。添加腐叶的处理 B 的总糖含量和总花色苷含量均低于对照，其中处理 B3（腐叶与紫色土体积比为 3∶2）的糖酸比仅为对照的 51.3%，总花色苷含量为对照的 78.9%，差异显著。添加油菜秸秆的处理 C 中，处理 C1（油菜秸秆与紫色土体积比 1∶4）的果实总糖和总酸含量分别为 12.35% 和 1.81%，糖酸比为对照的 139.2%，总花色苷含量为 8.78%，为对照的 107.7%，差异显著。研究结果表明：使用椰糠与紫色土体积比为 2∶3、油菜秸秆与紫色土体积比为 1∶4 的基质栽培蓝莓时，果实品质最好。

表 4-8　有机物料与紫色土不同配比对蓝莓果实品质的影响

处理	总糖含量（%）	总酸含量（%）	总花色苷含量（%）
CK	9.98b	2.03bc	8.15bc
A1	10.9b	1.95bc	7.95c
A2	12.61a	1.76c	9.04a
A3	8.94c	2.59ab	7.05d
B1	8.32d	3.06a	6.89d
B2	0.00d	0.00d	0.00e

续表

处理	总糖含量（%）	总酸含量（%）	总花色苷含量（%）
B3	7.79d	3.10a	6.43d
C1	12.35a	1.81c	8.78a
C2	9.20c	2.59ab	7.93c
C3	9.24c	2.40bc	8.66ab

注：同一列中不同小写字母表示显著差异（$P<0.05$）

4.3.3 结论与讨论

蓝莓生长需要有机质含量高且湿润疏松的酸性和强酸性土壤环境，土壤 pH 和理化性质是制约蓝莓栽培的重要因素，对土壤的改良十分必要。椰糠和油菜秸秆均为植物天然产物，有资源丰富、环保易取、价格低廉等优点，在紫色土中按照一定比例添加，可以有效降低紫色土的 pH，提高土壤有机质含量和持水能力，增强土壤通透性，促进蓝莓生长，改良效果良好。但过量的椰糠和油菜秸秆也会导致蓝莓的生长势减弱。添加过量的椰糠，会使基质 pH 过低，蓝莓生长发育受阻（Powell，1982）；过量的油菜秸秆，会降低土壤铵态氮含量和蓝莓叶片氮素含量，可能是由于 pH 升高，土壤中的铵态氮在微生物的作用下转化为不易被蓝莓吸收的硝态氮，影响植株对氮素的吸收，需及时补充氮肥，否则会导致生长发育不良（赵珊珊，2009）。而添加腐叶（香樟），蓝莓生长状况不佳，可能是香樟腐叶中的成分不利于蓝莓生长发育，确切原因还需进一步试验研究。

综合本研究结果，椰糠和油菜秸秆作为有机物料改良紫色土用来栽培蓝莓是可行的。利用椰糠与紫色土体积比为 2∶3 和油菜秸秆与紫色土体积比为 1∶4 的两种基质栽培蓝莓，可以降低紫色土的 pH，改良土壤的理化性质，促进蓝莓植株的生长发育，是较理想的改良紫色土的技术措施。

（张 晴 黄泽梅 周强英 张思悦 赵 康 李 凌）

参 考 文 献

鲍士旦，2000. 土壤农化分析. 北京：中国农业出版社.

才丰，崔英宇，杨玉春，2013. 土壤环境对蓝莓生长的影响. 辽宁农业科学，（1）：45-48.

窦森，李凯，崔俊涛，2008. 土壤腐殖物质形成转化与结构特征研究进展. 土壤学报，45（6）：1148-1158.

和阳，杨巍，刘双，等，2010. 蓝莓栽培中土壤改良的方法及作用. 北方园艺，（14）：46-48.

黄兴成，2016. 四川盆地紫色土养分肥力现状及炭基调理剂培肥效应研究. 重庆：西南大学硕士学位论文.

孔露曦，赵敬坤，黎娟，2010. 有机肥料对土壤及作物作用的研究进展. 南方农业，（2）：84-86.

李亚东，陈伟，张志东，等，1994b. 土壤 pH 值对越桔幼苗生长及元素吸收的影响. 吉林农业大学学报，16（3）：51-54.

李亚东，郝瑞，陈伟，等，1994a. 越桔对长白山区酸性土壤的适应性. 园艺学报，21（2）：129-133.

李亚东，吴林，1997. 土壤 pH 值对越桔的生理作用及其调控. 吉林农业大学学报，19（1）：112-118.

李亚东，吴林，孙晓秋，等，1995. 施硫对土壤 pH、越桔树体生长营养的影响. 吉林农业大学学报，17（2）：49-53.

李亚东，吴林，张志东，等，1996. 暗棕色森林土壤栽培越桔土壤改良研究. 北方园艺，（4）：6-8.

刘萍，李明军，2016. 植物生理学试验. 北京：科学出版社.

马成泽，1994. 有机质含量对土壤几项物理性质的影响. 土壤学报，25（2）：65-67.

谭钺，王茂生，吕勍，等，2015. 土壤环境对蓝莓生长的影响及改善措施. 山东农业科学，47（3）：80-84.

唐雪东，2003. 黑土土壤环境优化对越桔生长发育的影响及其生理机制. 长春：吉林农业大学博士学位论文.

唐雪东，李亚东，丁绍文，等，2007. 不同基质和硫磺粉对越橘土壤和叶片矿质营养的影响. 吉林农业大学学报，（3）：279-283.

唐雪东，李亚东，吴林，等，2013. 越橘土壤改良研究进展. 东北农业大学学报，44（4）：137-143.

唐雪东，李亚东，臧俊华，等，2004. 土壤施硫对越桔生长发育的影响. 东北农业大学学报，35（5）：553-560.

王建湘，周杰良，2007. 农作物秸秆在有机生态型无土栽培中的应用研究. 北方园艺，（4）：7-9.

吴菲，2005. 玉米秸秆连续多年还田对土壤理化性状和作物生长的影响. 北京：中国农业大学博士学位论文.

吴林，李亚东，张志东，等，1997. 三种类型越桔在淹水逆境下生理及形态反应的比较. 园艺学报，24（3）：287-288.

谢兆森，吴晓春，2006. 蓝莓栽培中土壤改良的研究进展. 北方果树，（1）：1-4.

徐品三，刘旭胜，安利佳，等，2008. 土壤施用松针对越橘生长、叶片矿质元素含量的影响. 安徽农业科学，36（10）：4044-4045，4047.

杨秀丽，2010. 大兴安岭兴安落叶松森林生态系统菌根及其真菌多样性研究. 呼和浩特：内蒙古农业大学博士学位论文.

赵爱雪，佟海恩，孙喜臣，2008. 蓝莓对土壤酸碱度的要求和调节. 北方果树，（5）：22-23.

赵康，2015. 蓝莓组培苗生根技术和不同基质对蓝莓幼苗生长的影响研究. 重庆：西南大学硕士学位论文.

赵兰坡，姜岩，1987. 施用有机物料对土壤酶活性的影响. 吉林农业大学学报，9（4）：43-50.

赵珊珊，2009. 作物秸秆改良土壤对蓝莓生长发育的影响. 长春：吉林农业大学硕士学位论文.

Abbott J D，Gough R E，1987. Growth and survival of the highbush blueberry in response to root zoon flooding. J Amer Soc Hort Sci，112：603-608.

Albert T，Karp K，Starast M，2010. The effect of mulching and pruning on the vegetative growth and yield of the half-high blueberry. Agron Res，8：759-769.

Austin M E，Brightwell W T，1977. Effect of fertilizer applications on yield of rabbiteye blueberries. J Amer Soc Hort Sci，102：36-39.

Austin M E，Gaines T P，1984. An observation of nutrient levels in old，unfertilized rabbiteye blueberry plants. HortScience，19：417-418.

Austin M E，Gaines T P，Moss R E，1986. Influence of soil pH on soil nutrients，leaf elemental，and yield of young rabbiteye blueberries. HortScience，21：443-445.

Bailey J S，1940. The effect of lime application on the growth of cultivated blueberry plants. J Amer Soc Hort Sci，38：466-470.

Baily J S，Kelley J L，1959. Blueberry Growing. Amherst：Mass Ext Serv V Pub：240.

Biebaum S S，1977. Preliminary results of the effect of elemental sulfur and sulfuric acid in lowering the soil pH for blueberry plants. Little Rock：Proceedings of the 97th Annual Meeting，Arkansas State Horticultural Society：78-80.

Brown J C，Draper A D，1980. Differential response of blueberry progenies to pH and subsequent use of iron. J Amer Soc Hort Sci，105：20-24.

Carroll J，Pritts M P，Heidenreich C，2015. Production Guide for Organic Blueberries. Ithaca：N. Y. State Integrated Pest Manage.

Chen B T，1987. Sawdust as a greenhouse growing medium. Journal of Plant nutrition，10（9-16）：1446-1473.

Coville F V，1910. Experiments in Blueberry Culture. Washington：USDA Government Printing Office.

Coville F V，1937. Improving the Wild Blueberry. New York：USDA Yearbook of Agriculture：559-574.

Crane J H，Davies F S，1989. Flooding response of *Vaccinium* species. HortScience，24：203-210.

Davies F S，Flore J A，1986. Gas exchange and flooding stress of highbush and rabbiteye blueberries. J Amer Soc Hort Sci，111：565-571.

Eck P，1988. Blueberry Science. New Brunswick：Rutgers University Press.

Eck P，Gough R E，Hall I V，et al.，1990. Blueberry Management in Small Fruit Crop Management. New Jersey：Prentice Hall，Upper Saddle River：273-333.

Gough R E，1994. The Highbush Blueberry and Its Management. New York：Food Products Press.

Hamer P M，1944. The effect of varying the reaction of organic soil on the growth and production of the domesticated blueberry. Soil Sci Soc Am J，（9）：133-141.

Hanson E J, 2006. Nitrogen fertilization of highbush blueberry. Acta Hort, 715: 347-351.

Hanson E J, Hancock J F, 1996. Managing the Nutrition of Highbush Blueberries. East Lansing: Bulletin E-2011. Michigan State University Extension.

Hart J M, 2006. Nutrient Management for Blueberries in Oregon Corvallis. Portland: Publication No. EM 8918. Oregon State University Extension Service.

Haynes R J, Swift R S, 1985a. Effects of soil acidification on the chemical extractability of Fe, Mn, Zn and Cu and the growth and micronutrient uptake of highbush blueberry plants. Plant and Soil, 84: 201-212.

Haynes R J, Swift R S, 1985b. Growth and nutrient uptake by highbush blueberry plants in a peat medium as influence by pH, applied micronutrients and mycorrhizal inoculation. Scientia Horticulture, 27: 285-294.

Haynes R J, Swift R S, 1986. Effect of soil amendments and sawdust mulching on growth, yield and leaf nutrient content of highbush blueberry plants. Sci Hort, 29: 229-238.

Johnston S, 1942. The influence of various soils on the growth and productivity of the highbush blueberry. Quart Bull Mich Agri Expt Sta, 24: 307-310.

Korcak R F, 1989. Aluminum relationships of highbush blueberries (*Vaccinium corymbosum* L.). Acta Hort, 241: 162-166.

Kosola K, 1989. Variation in nutrient requirements of blueberries and other calcifuges. HortScience, 24: 573-578.

Kramer A, Evinger E L, Schrader A L, 1941. Effect of mulches and fertilizers on yield and survival of the dryland and highbush blueberry. Proc Amer Soc Hort Sci, 38: 445-461.

Krewer G, Ne Smith D S, 1999. Blueberry Fertilization in Soil. Atlanta: Fruit Publication No. 01-1. University of Georgia Extension.

McArthur D, 2001. Optimizing nutrient delivery in variable soils for sustainable highbush blueberry production. Acta Hort, 564: 393-406.

Merrill T A, 1939. Acid tolerance of highbush blueberry. Mich Agr Exp Sta, 22: 112-116.

Merrill T A, 1944. Effect of soil treatments on the growth of the highbush blueberry. Aust J Agr Res, 69: 9-20.

Mingeau M, Perrier C, Améglio T, 2001. Evidence of drought-sensitive periods from flowering to maturity on highbush blueberry. Scientia Horticulturae, 89 (1): 23-40.

Moore J N, 1993. Adapting low organic upland mineral soils for culture of highbush blueberries. Acta Hort, 346: 221-229.

Neilsen G H, Lowery D T, Forge T A, 2009. Organic fruit production in British Columbia. Plant Sci, 89: 677-692.

Odneal M B, Kaps M L, 1990. Fresh and aged pine bark as soil amendments for establishment of highbush blueberry. HortScience, 25: 1228-1229.

Powell C L, 1982. The effect of the ericoid mycorrhizal fungus pezizella ericae (read) on the growth and nutrition of seedings of blueberry. J Amer Soc Hort Sci, 107 (6): 1012-1015.

Retamales J B, Hancock J F, 2012. Blueberries. Wallingford: CABI: 111-113.

Scagel C F, Yang W O, 2005. Cultural variation and mycorrhizal status of blueberry plants in NW Oregon commercial production fields. International Journal of Fruit Science, 5: 85-111.

Spiers J M, 1984. Influence of lime and sulfur additions on growth, yield, and leaf nutrient content of rabbiteye blueberry. J Amer Soc Hort Sci, 109: 559-562.

Townsend L R, 1973. Effect of N, P, K and Mg on the growth and productivity of the highbush blueberry. Plant Sci, 53: 61.

Vega A R, Gaiciga M, Rodriguez A, et al., 2009. Blueberries mycorrhizal symbiosis outside the boundaries of natural dispersion for ericacious plants in Chile. Acta Horticulturae, 810: 665-671.

Yang W Q, Goulart B L, 2000. Mycorrhizal infection reduce short term aluminum uptake and increase root cation exchange capacity of highbush blueberry. HortScience, 135 (6): 1083-1086.

Yang W Q, Goulart B L, 2002. Interactive effects of mycorrhizal inoculation and organic soil amendments on nitrogen acquisition and growth of highbush blueberry. J Amer Soc Hort Sci, 127 (5): 742-748.

第5章　蓝莓的育种初探

5.1　蓝莓育种的历史、现状

有人认为野生的可食用的越桔属植物的栽培有上千年的历史（Moerman，1998）。

目前蓝莓最重要的栽培品种群为：高丛蓝莓（highbush blueberry），来源于 *Vaccinium corymbosum* L.；兔眼蓝莓（rabbiteye blueberry），来源于 *V. ashei* Reade，syn. *V. virgatum* Ait.；矮丛蓝莓（lowbush blueberry），来源于 *V. angustifolium* Ait.；半高丛蓝莓，为高丛蓝莓和矮丛蓝莓的杂交种（Retamales and Hancock，2011）。

目前有资料记载的蓝莓的栽培始于 1871 年以前。在华盛顿的史密森尼（Smithsonian）学院的庭院中有 2 株高度约 9 英尺（ft）[①]，主干直径约 3 英寸（in）[②]的成年蓝莓灌丛。后经过鉴定，这些灌丛为 *V. fuscatum*（Coville et al.，1910）。

最早将蓝莓作为果树进行栽培试验的有 4 个农业试验站：缅因、罗德岛、纽约和密西根农业试验站，但这些尝试都没有得出肯定的结论，一个重要的原因是当时没有发现蓝莓对土壤的要求与其他果树有很大差异（Coville et al.，1910）。

目前认为 F. V. Coville 是最早进行蓝莓栽培研究的科学家，他进行了蓝莓的盆栽和田间试验，使用了野生植物材料，即实生苗和扦插苗；他还发现蓝莓无根毛，蓝莓根系生长速度是小麦的 1/20；蓝莓与真菌共生；蓝莓生长需要酸性土壤，酸性土壤为蓝莓提供有效的氮素。F. V. Coville 在他的书中指出他的工作参考了 F. W. Cardde 的书 "Bush Fruits" 和 W. M. Munson 发表在《Bailey 美国园艺百科全书》（"Bailey's Cyclopedia of American Horticulture"）上的关于越桔属（*Vaccinium*）的研究文章。

高丛蓝莓的育种始于 1900 年的新泽西，美国农业部的 F. V. Coville 在 1908 年培育出蓝莓的第一个杂交品种'布鲁克斯'（'Brooks'）。同样为早期蓝莓育种做出贡献的还有 E. White. F. V. Coville 和 E. White 等育种学家收集了大量的 *V. corymbosum* 和 *V. angustifolium* 的野生类型进行杂交。由于 *V. corymbosum* 存在丰富的遗传多样性，杂交工作成效显著（Gough and Korcak，1995）。Coville 共培育出了约 30 个杂交品种，目前栽培蓝莓的 75% 以上的品种来自 Coville 杂交出的品种的后代（Retamales and Hancock，2011）。

1937 年，Coville 去世以后，另一位杰出的育种家 Darrow 成功组织遍布美国 17 个州的农业试验站和私人种植者进行育种合作。1945～1961 年，Darrow 向合作者分发 20 万株杂交后代，分别在不同气候和土壤条件下进行栽培试验，极大地加快了蓝莓的育种进程。

在 Darrow 之后，A. Draper 更加重视野生蓝莓资源的利用，他进行了大量的种间杂交，将至少将 10 个种的遗传物质引入高丛蓝莓中。他培育的一个种间杂种'US75'（*V. darrowi* × *V. corymbosum*）对低需冷量的南高丛蓝莓品种如'奥尼尔'（'O'Neal'）、'Gulfcoast'等

---

① 1ft = 3.048×10⁻¹m

② 1in = 2.54cm

的培育成功起了关键性的作用（Gough and Korcak，1995）。他用秋水仙素将 *V. myrtilloides*×
V. corymbosum 的二倍体后代 'US226' 加倍，然后与四倍体 *V. corymbosum* 杂交。他得到
的复合杂种中有包含了 6 个种遗传成分的杂种。他将复合交杂种与高丛蓝莓回交，对培育
低需冷量的南高丛蓝莓品种做出了巨大贡献。

南高丛蓝莓品种起源于北高丛蓝莓，其遗传背景中包含了来自佐治亚南部、佛罗里达、
田纳西等地的常绿蓝莓 *V. darrowi*（2n = 2x = 24），东南部的兔眼蓝莓 *V. virgatum*（2n = 2x = 24）
和美国东南部生长缓慢呈匍匐状的小穗蓝莓 *V. tenellum*（2n = 2x = 24）（Galletta and
Ballington，1996）。南高丛蓝莓品种对土壤 pH 的适应性比北高丛蓝莓品种更强。1948 年，
佛罗里达大学开始南高丛蓝莓育种工作，先后培育出了 '夏普蓝'（'Sharpblue'）、'珠
宝'（'Jewel'）、'薄雾'（'Misty'）、'明星'（'Star'）等需冷量较少、品质佳的南高
丛蓝莓品种。北卡罗来纳州的 Ballington 培育出了 '丽诺尔'（'Lenoir'）、'新汉诺威'
（'New Hanover'）等介于北高丛蓝莓和南高丛蓝莓之间的品种，以及低需冷量的品种 '奥
尼尔'（'O'Neal'）（Novablue，2008）。

兔眼蓝莓的杂交育种始于 1940 年，1950 年培育出了第一个适应性良好的品种并进
行推广。

矮丛蓝莓的育种工作大约始于 1970 年后。

我国对蓝莓引种较晚，20 世纪 80 年代初至中后期，郝瑞、贺善安等开展了蓝莓引种
等的研究与利用工作（何科佳等，2013）；1981~2000 年，吉林农业大学、中国科学院南
京植物园、吉林省林业科学院等陆续从美国、加拿大、波兰等地引进大批优质蓝莓品种，
并筛选出适合我国东北地区和苏南丘陵地带种植的品种（李丽敏，2011）。李凌和陈林
（2003）将 20 多个蓝莓品种从日本引入我国西南地区进行适应性栽培，观测其在重庆地区
的生长结果情况，为西南地区蓝莓栽培研究打下了基础。我国蓝莓产业近些年发展迅速，
但基本依靠外来品种，拥有自主知识产权的新品种极少。2008 年在安徽省南陵县蓝莓基
地发现的 '薄雾' 品种变异单株经形态学及分子鉴定和多年栽培观察发现，其变异属稳定
的遗传变异，且抗寒性更强，果实品质优良。2014 年由安徽省林业厅林木品种审定委员
会审定，命名为 '徽王 1 号'（*V. corymbosum* 'Huiwang No.1'）。

作者团队在蓝莓引入重庆栽培约 10 年后，对表现较好但果实略小的南高丛蓝莓品种
等进行了诱变和加倍尝试，希望能够得到比较理想的栽培类型。

由于蓝莓在我国的引种栽培历史还比较短暂，过去我国科研工作者对蓝莓的研究多集
中在品种适应性、抗旱性、抗病性及栽培技术研究、果实品质分析等方面。随着蓝莓栽培
面积在我国迅速扩大，加之我国蓝莓种质资源非常丰富，蓝莓新种质的创制和新品种的培
育势必受到越来越多的重视。

5.2　蓝莓 EMS 诱变育种研究

烷化剂是栽培作物诱发突变最重要的一类诱变剂（Benson Erica，2008）。这类药剂都
含有一个或多个活泼的烷基，这些烷基可以置换取代其他分子的氢原子，发生烷化作用。
烷化剂对生物系统的作用主要在于核酸，它能使 DNA 分子的碱基烷基化，导致 DNA 链

断裂，从而使有机体发生变异。烷化剂主要包括甲基磺酸乙酯（EMS）、乙基磺酸乙酯（EES）、甲基磺酸甲酯（MMS）、亚硝基乙基脲（NEH）、亚硝基乙基脲烷（NEU）、亚硝基胍（NTG）、硫酸二乙酯（DES）、乙烯亚胺（EI）、芥子气等（白宝璋等，2001）。其中EMS 的毒性相对较小，诱变效果较好，是最常用的化学诱变剂之一。采用化学诱变剂，能诱导无性系的高频率变异，通过一定的选择压力，可以筛选到一些有益的突变性状和性状优良的突变体（Ochmian et al.，2018）。

我国南方夏季经常连续高温伏旱和连续暴雨，对南方地区越桔的栽培造成了不良后果。本实验室采用化学诱变和体细胞无性系变异相结合的方法，诱导和筛选蓝莓抗旱突变体，并对处理后的植株进行了初步研究，主要结论有：陈凌等（2010）利用 EMS 对南高丛蓝莓品种'V3'和'南好'进行诱变和干旱胁迫处理，处理后的植株经初步筛选和生理检测显示对逆境表现一定的抗性；张敏等（2011）以南高丛蓝莓品种'V5'为实验材料，采用不同浓度的 EMS 进行诱变处理，并对 M_0 代植株进行干旱胁迫，生理指标检测结果表明，0.4%、0.5%浓度处理的突变群体可能存在抗旱能力较强的变异体；郑文娟（2012）将北高丛蓝莓中适应能力较强的'蓝丰'和'达柔'用 EMS 进行诱变，对诱变后的群体进行干旱胁迫和水涝胁迫处理，根据生理指标和主成分分析结果初步推断 2 个品种的诱变群体耐旱、耐涝能力均比对照高，群体中可能有耐旱、耐涝能力增强的变异体。

5.2.1 试验材料

本试验材料是以南高丛蓝莓品种'V3'和 3#的无菌组培苗为材料，均取自本实验室。化学诱变剂甲基磺酸乙酯为美国 Sigma 公司生产。

5.2.2 试验方法

5.2.2.1 EMS 诱变处理条件的筛选

配制 pH 4.8、0.01mol/L 的磷酸缓冲液，高压灭菌后冷却至室温。在无菌条件下，EMS 经抽滤灭菌后添加到磷酸缓冲液中，配制成浓度为 0.1%、0.2%、0.3%、0.4%、0.5%、0.6%（分别以 A、B、C、D、E、F 表示）的处理液（王学奎，2006）。剪取大小约 0.5cm 的试管苗茎尖放入上述浓度的 EMS 溶液中，振荡处理 1h（将 pH 4.8、0.01mol/L 的磷酸缓冲液处理作为对照，以 CK 表示），用无菌水冲洗 5 遍后接种于预选出的培养基中，每个处理接种 10 瓶，每瓶接种 10 个茎尖，观察试管苗的生长状况。生根后以透气性较好的松针土为基质移栽于 8cm×8cm 规格的小塑料钵中，于温室中培养 6 个月。

5.2.2.2 干旱胁迫处理

本试验设 3 个水分胁迫处理梯度，即正常水分处理，正常浇水，土壤含水率为 70%；中度水分胁迫处理，土壤含水率为 50%；严重水分胁迫处理，土壤含水率为 30%（马琳娜等，2010）。9 月在温室中开始水分胁迫处理试验，以根际水分胁迫为主，处理前先浇透水，处理开始后停止浇水。试验结束后移至室外，恢复正常管理，露地越冬，翌年 3 月观察其生长恢复状态。土壤含水率计算方法如下：

$$土壤含水率 = (M - M_S)/M \times 100\%$$

式中，M 为土壤湿重；M_S 为土壤干重。

当土壤含水率为 70%（3d）、50%（7d）、30%（12d）时，早晨 8 点，随机取对照及诱变群体幼苗相同部位的功能叶片（约 30 片）保存于 4℃保温盒中，进行生理指标测定，设 4 次重复。

5.2.2.3 诱变材料与对照的形态学、细胞学和叶片解剖结构比较

（1）形态学比较

用试验确定的最佳组合大量处理 3# 和 'V3' 组培苗茎尖，然后移入改良 WPM 培养基上进行无菌培养，待大量增殖苗生长至 4～5cm 高时接种于生根培养基中培养，当根长至 1cm 左右时，炼苗后移栽到微酸性基质［腐殖土：（椰糠+稻壳）= 2：1］中，在 25℃温室中培养，塑料钵规格为 8cm×8cm。待诱变材料生长至 10cm 高时，观察并记录诱变材料幼苗群体的生长状况。

（2）细胞学比较

待对照及诱变材料生长至 10cm 高时，挑选处理后群体中的形态变异株，取其与对照相同部位的成熟叶片数枚，用去离子水冲洗干净，用小镊子撕取叶片中部或近中部主脉附近的下表皮，放于干净的载玻片上，滴一滴碘-碘化钾溶液染色 1～2min，盖片后在显微镜下观察气孔特点，并计算气孔密度，计算公式（李合生，2000）如下：

$$气孔密度（个/mm^2）= 各视野中气孔个数（个）/视野的真实面积（mm^2）$$

（3）叶片解剖结构比较

准备一个装有清水的培养皿和新鲜白萝卜若干。将萝卜切成高 3～5cm，长、宽各 1～2cm 的小长方体，再将其顶部纵切一条深约 0.5cm 的细缝。挑选 EMS 诱变处理后群体中的形态变异株（株高约 10cm），取其与对照相同部位的功能叶片数枚，以叶片主脉为中心切取 1.0cm×0.5cm 的小块，夹在萝卜条顶部细缝中。用左手拇指、食指与中指捏紧夹着叶片的萝卜条，材料伸出食指外 2～3mm。右手平稳地拿着刀片，将刀片蘸水后向内对着材料，并使刀片与材料切口保持平行，再用右手臂力自左前方向右后方均匀地拉切。连续拉切数次后，将刀片置于培养皿的水中轻轻晃动，切片即漂浮于水中。在培养皿内挑选薄且透明、组织结构完整的切片放于载玻片上，滴一滴清水使其完全平展，盖片后镜检拍照，用 Image Pro-Plus 软件依次测量上表皮厚度、栅栏组织厚度、海绵组织厚度、叶厚和主脉直径，并计算叶片组织结构紧密度（CTR 值）和栅海比（高俊凤，2006），计算公式如下：

$$CTR值 = \frac{栅栏组织厚度}{叶片厚度} \times 100\%$$

$$栅海比 = \frac{栅栏组织厚度}{海绵组织厚度} \times 100\%$$

5.2.2.4 诱变材料的干旱、水涝、盐胁迫处理及相关生理指标的测定

（1）丙二醛含量的测定（熊庆娥，2003）

丙二醛（MDA）含量的测定选用硫代巴比妥酸显色法，具体操作如下。

1）配制试剂：用蒸馏水配制 5% 的三氯乙酸（TCA）；用 10% 的三氯乙酸配制 0.67%（m/V）的硫代巴比妥酸（TBA）。

2）MDA 的提取：称取除去叶脉的蓝莓新鲜叶片 0.1g，加入 5ml 5% TCA 研磨，将所得匀浆在 3000r/min 条件下离心 10min。

取上清液 2ml，加入 0.67% 的 TBA 2ml，将混合液在 100℃ 水浴中加热，待混合液煮沸后开始计时，30min 后取出，冷却后再离心一次。

3）测定与计算：分别测定上清液在 450nm、532nm 和 600nm 处的吸光度值，并按公式计算 MDA 的浓度（C）和摩尔质量浓度：

$$C(\mu mol/L) = 6.45 \times (A_{532} - A_{600}) - 0.56 \times A_{450}$$

$$MDA\ 的摩尔质量浓度(\mu mol/g) = C \times V \times m^{-1}$$

式中，A_{450}、A_{532}、A_{600} 分别为上清液在 450nm、532nm 和 600nm 处的吸光度值；C 为 MDA 的浓度（$\mu mol/L$）；V 为提取液的体积（ml）；m 为植物组织鲜重（g）。

（2）过氧化氢酶活性的测定（熊庆娥，2003）

采用碘量法，称取 0.5g 鲜样，加入少量蒸馏水于冰浴研磨至匀浆；转移到 25ml 容量瓶中，用蒸馏水冲洗研钵，冲洗液一并倒入容量瓶中，定容，振荡片刻；提取 10min，过滤，得滤液。使用时稀释 10 倍，测定过氧化氢酶（CAT）活性，单位以 $\mu mol\ H_2O_2/(g\ FW \cdot min)$ 表示。

（3）可溶性糖含量的测定（李合生，2000）

可溶性糖含量的测定采用蒽酮比色法，具体操作如下。

1）配制试剂：取 1g 分析纯蒽酮，溶于 50ml 乙酸乙酯中，贮存于棕色玻璃瓶中备用。

2）糖液的提取：取除去叶脉的蓝莓新鲜叶片，剪碎混匀，称取 0.1g，共 3 份，分别放入带刻度的试管中，加入 10ml 蒸馏水，封口，在沸水浴中提取 30min（提取 2 次），将提取液过滤至 25ml 容量瓶中，用蒸馏水反复漂洗试管及残渣并定容至刻度。

3）测定与计算：取 0.5ml 过滤液于 25ml 刻度试管中，加入 1.5ml 蒸馏水，然后依次加入 0.5ml 蒽酮乙酸乙酯和 5ml 浓硫酸，振荡后立即放入沸水中保温 1min，取出冷却至室温，重复 3 次，以蒸馏水为空白对照，测定其在 630nm 处的吸光度值，计算可溶性糖的含量。

$$可溶性糖含量(\%) = (C \times V_1 \times N) \times 100/(m \times V_S \times 10^6)$$

式中，C 为由标准曲线计算出的含糖量（μg）；V_1 为提取液的总体积（ml）；N 为稀释倍数；m 为样品质量（g）；V_S 为测定时取用样品提取液的体积（ml）。

（4）超氧化物歧化酶活性的测定（王学奎，2006）

超氧化物歧化酶（SOD）活性的测定采用氮蓝四唑（NBT）法，具体操作如下。

1）酶液提取：称取 0.1g 除去叶脉的蓝莓新鲜叶片置于预冷研钵中，加入 1ml 预冷的磷酸缓冲液在冰浴上研磨成浆，把其转移至 5ml 离心管中，加入 2ml 缓冲液冲洗研钵并转移至离心管中，再加入缓冲液使匀浆终体积为 4ml，在 4℃ 4000r/min 条件下离心 20min，上清液即为 SOD 初提液，置于冰箱中待用。

2）显色反应：取玻璃试管数支，2 支为对照管，其余为测定管，按表 5-1 加入各种溶液。混合摇匀后将 1 支对照管置于暗处，其他各管置于 4000lx 光下反应 20min（要求受光情况相同，温度高则可缩短时间，低则延长）。

表 5-1　SOD 显色反应溶液用量表

试剂	用量（ml）	终浓度（比色时）
0.05mol/L（pH 7.8）磷酸缓冲液	1.5	
130mmol/L Met 溶液	0.3	13mmol/L
750μmol/L NBT 溶液	0.3	10μmol/L
100μmol/L EDTA-Na$_2$ 溶液	0.3	10μmol/L
20μmol/L 核黄素	0.3	2μmol/L
酶液	0.05	对照管用缓冲液代替
蒸馏水	0.25	
总体积	3	

3）测定与计算：测定各试管混合液在 560nm 处的吸光度值，计算 SOD 活性。

$$SOD 活性(U/g) = 2 \times (A_{CK} - A_E) \times V/(A_{CK} \times m \times V_t)$$

式中，SOD 活性以每克样品鲜重的酶单位表示（U/g）；A_{CK} 为照光对照管的吸光度值；A_E 为样品管的吸光度值；V 为样品液的总体积（ml）；m 为样品鲜重（g）；V_t 为测定时样品液用量（ml）。

（5）过氧化物酶（POD）含量的测定（李合生，2000）

1）反应混合液的配制：将 100mmol/L 磷酸缓冲液（pH 6.0）50ml 置于烧杯中，加入愈创木酚 28μl，于磁力搅拌器上加热搅拌，直至愈创木酚溶解，待溶液冷却后，加入 30% 过氧化氢 19μl，混合均匀，保存于冰箱中备用。

2）操作步骤：称取新鲜植物材料 0.1g，加 20mmol/L KH$_2$PO$_4$ 5ml，于冰浴研钵中研磨成匀浆，以 4000r/min 离心 15min，倾出上清液保存在 2℃冰箱中，残渣再用 5ml KH$_2$PO$_4$ 溶液提取一次，合并两次上清液，贮于 2℃冰箱中备用。

取光径 1cm 的比色杯两支，于一支中加入反应混合液 3ml、KH$_2$PO$_4$ 1ml 作为校零对照，另一支加入反应混合液 3ml、上述酶液 1ml（如酶的活性过高可稀释），立即开启秒表记录时间，于分光光度计上 470nm 下测定吸光度值，每隔 1min 读数一次。以每分钟 A_{470} 变化 0.01 为 1 个过氧化物酶活性单位（U）。

$$\text{过氧化物酶活性}[U/(g\cdot min)] = (\Delta A_{470}\cdot V_T)/(0.01\cdot W_F\cdot V_S\cdot t)$$

式中，ΔA_{470} 为反应时间内吸光度值的变化；V_T 为提取液的总体积（ml）；W_F 为植物鲜重（g）；V_S 为测定时取用酶液的体积（ml）；t 为反应时间（min）。

（6）实生苗后代抗旱性的评价（路贵和和安海润，1999）

应用隶属函数法，以筛选出的密切相关的解剖结构指标对 10 株材料的抗旱性做出综合评价。隶属函数计算公式为

$$R(X_i) = (X_i - X_{min})/(X_{max} - X_{min})$$

若某一指标与抗旱性呈负相关，则用反隶属函数计算，公式为

$$R(X_i) = 1 - (X_i - X_{min})/(X_{max} - X_{min})$$

式中，$R(X_i)$ 为隶属函数值；X_i 为某指标测定值；X_{min} 和 X_{max} 分别为所有参试材料该指标的最小值和最大值。

（7）数据处理

用 Excel2003 和 SPSS18.0 软件进行方差分析和多重比较，并利用主成分分析初步评价各生理指标在对照和诱变群体的耐性上的贡献率。

5.2.3　结果与分析

5.2.3.1　EMS 诱变最佳组合的分析

在诱变剂处理材料的过程中，随 EMS 浓度的增加，蓝莓茎尖越来越软。材料被转入培养基以后，茎尖进入萌发阶段。由于浓度差异，各处理萌发状态不一，低浓度的萌发较快也较为整齐；高浓度的萌发时间推迟且萌发水平参差不齐。20d 后在不同 EMS 浓度处理的植株群体中发现了不同的变异类型，其中包括茎秆变红、变粗或叶形、茎长等发生变化。随着培养时间的延长，部分差异越来越大，但是部分红色茎秆逐渐消失，只有部分保存于茎中上部（图 5-1～图 5-3）。

图 5-1　EMS 处理对蓝莓茎尖的影响（由于当时设备限制，清晰度欠佳）

A. 茎尖为红色；B，C. 茎为红色，植株生长势弱；D. 对照株

图 5-2　0.3% EMS 处理对蓝莓株高的影响

A. 其一株再生苗株高为全部处理中最高，但基部细弱；B. 为全部处理中生长势最旺盛的，茎粗壮，叶较大

图 5-3　EMS 处理对蓝莓不定芽萌发的影响（由于当时设备限制，清晰度欠佳）

A. 部分植株经 EMS 处理后，萌发参差不齐；B. 部分植株经 EMS 处理后，萌发参差不齐，部分植株生长旺盛；
C. 一株蓝莓再生苗小而弱，并且全株为红色；D. 对照株

5.2.3.2　EMS 处理对蓝莓生长形态、茎尖平均增殖率和变异率与茎尖诱导生根率的影响

（1）EMS 处理对蓝莓生长形态的影响

用 EMS 处理 20d 后，随着 EMS 浓度的增加，各处理萌发状态不一，低浓度的萌发较快也较为整齐；高浓度的萌发时间推迟且萌发水平参差不齐。材料 'V3'：当 EMS 浓度为 0.1% 和 0.6% 时，生长势很弱，茎纤细，各植株之间差异较大；当 EMS 浓度为 0.6% 时，最高株高达 5.82cm，但是其生长势弱，分枝少，长势不均匀，叶面积最小，低于对照。材料 3#：当 EMS 浓度为 0.2% 和 0.6% 时，生长势弱，有部分植株茎中上部为红色，有植株叶枯黄，脱落。当 EMS 浓度为 0.3% 时，两种材料的株高最高。综合株高、生长势、茎粗等，选取 0.3% EMS 较适合（表 5-2）。

表 5-2　EMS 处理对蓝莓生长形态的影响

处理浓度	处理芽数	材料 'V3'				材料 3#			
		平均株高（cm）	平均叶长（cm）	平均叶宽（cm）	平均叶面积（cm²）	平均株高（cm）	平均叶长（cm）	平均叶宽（cm）	平均叶面积（cm²）
A	100	3.25	0.992	0.752	0.743	4.36	1.128	0.710	0.800
B	100	4.12	1.082	0.774	0.836	4.12	0.982	0.684	0.671
C	100	4.71	1.380	0.850	1.173	4.52	1.214	0.884	1.073
D	100	3.16	0.882	0.706	0.623	3.18	1.048	0.766	0.803
E	100	4.12	0.742	0.662	0.491	3.46	1.024	0.702	0.719
F	100	4.32	0.680	0.570	0.387	3.12	0.986	0.624	0.615
CK	100	3.34	0.678	0.602	0.408	3.31	1.018	0.664	0.676

（2）EMS 处理对蓝莓茎尖平均增殖率和变异率的影响

在相同处理时间下，EMS 对蓝莓茎尖的影响很大。从表 5-3 可见，经诱变处理的再生蓝莓苗，茎尖的增殖率明显低于对照。尤其当 EMS 浓度高于 0.4% 时，两种材料的增殖率均低于 10%。考虑到突变频率的提高和突变体植株发生数量的关系，直接再生途径 EMS

处理诱导体细胞无性系变异试验中，采用 0.3%浓度处理诱导茎尖外植体不定芽的发生较好，既能得到较高的变异率，又能保证得到一定数量的突变体植株。

表 5-3　EMS 处理对蓝莓茎尖平均增殖率和变异率的影响

处理浓度	处理芽数	材料 'V3'		材料 3#	
		平均增殖率（%）	变异率（%）	平均增殖率（%）	变异率（%）
A	100	25	1	35	2
B	100	22	2	28	1
C	100	24	3	21	4
D	100	23	1	13	2
E	100	4	1	7	1
F	100	5	2	2	1
CK	100	112	0	183	0

（3）EMS 处理对蓝莓茎尖诱导生根率的影响

由表 5-4 可以看出，磷酸缓冲液对照处理对蓝莓的生根率并没有影响，均能完全生根。但经处理后的蓝莓茎尖生根率随着 EMS 浓度的增加而减少。当 EMS 浓度为 0.6%时，材料 'V3' 的生根率最低，为 63%；当 EMS 浓度为 0.5%时，材料 3#的生根率最低，为 82%。其与对照相比差异显著。伴随着 EMS 浓度的增加，根表现得更为细弱、短小，生根芽数也相应减少。

表 5-4　EMS 处理对蓝莓生根率的影响

浓度（%）	处理芽数	材料 'V3'		材料 3#	
		生根芽数（个）	生根率（%）	生根芽数（个）	生根率（%）
A	100	84	84	100	100
B	100	91	91	100	100
C	100	80	80	99	99
D	100	92	92	95	95
E	100	70	70	82	82
F	100	63	63	83	83
CK	100	100	100	100	100

5.2.3.3　EMS 处理对再生蓝莓幼苗叶片细胞学与解剖结构的影响

（1）10 株南高丛蓝莓材料解剖结构间的差异（图 5-4，图 5-5，表 5-5）

通过田间观察比较，从 'V3' 经 EMS 处理后的 M_0 代植株中筛选出了 9 株形态上差异较大的植株，并通过植物学指标确定其抗旱能力的大小。

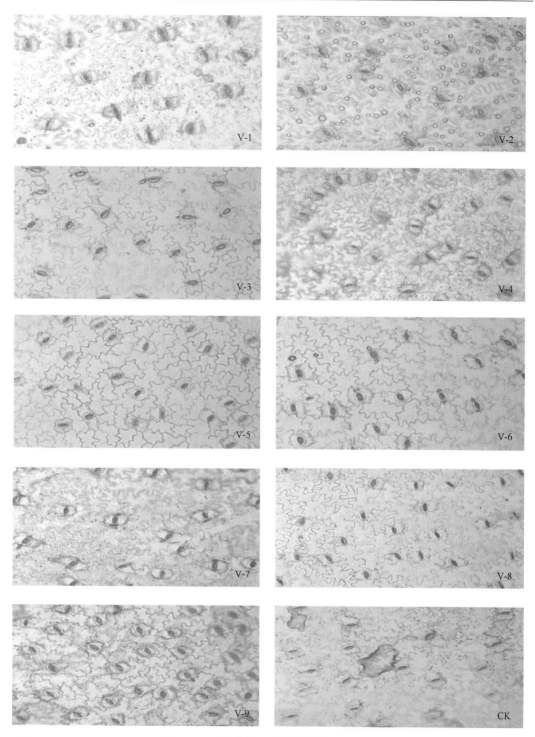

图 5-4　10 株蓝莓 M_0 代植株的气孔分布

V1～V9 为变异株；CK 为正常植株

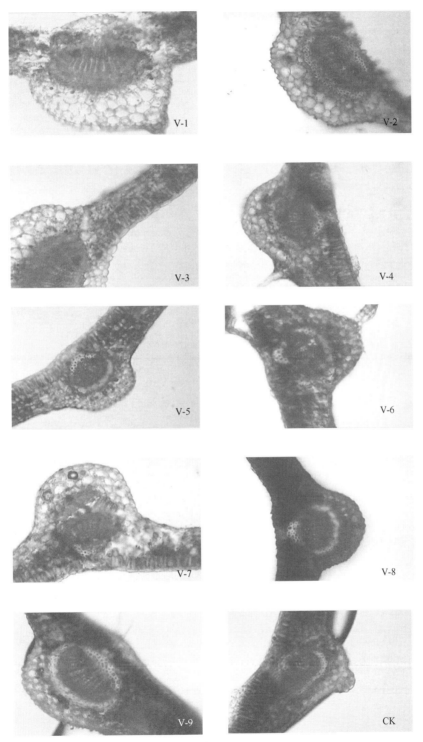

图 5-5　10 株蓝莓 M_0 代植株叶片横切图

V1～V9 为变异株；CK 为正常植株

表5-5　10株蓝莓 M_0 代植株9项叶片解剖结构指标

材料编号	叶脉直径（μm）	叶厚（μm）	上表皮厚度（μm）	上表皮角质层厚度（μm）	栅栏组织厚度（μm）	海绵组织厚度（μm）	叶片组织结构紧密度	栅海比	气孔数（个/mm²）
V-1	413.23b	227.3g	23.3b	0.67cd	73.2h	115.27h	0.322a	0.635b	176.47d
V-2	347.75g	225.7h	22.5c	0.71cd	79.5e	110.16h	0.352a	0.722a	164.71e
V-3	373.16d	236.5e	20.1e	1.32ab	80.4d	121.30e	0.339a	0.663b	188.24c
V-4	307.29i	261.5b	18.5f	1.57a	73.6g	125.20c	0.281a	0.588c	241.18a
V-5	355.71f	267.7a	21.7d	1.49a	89.9a	129.60b	0.336a	0.694b	217.65b
V-6	283.23j	232.5f	17.5g	0.82c	85.7b	115.50g	0.367a	0.742a	194.12c
V-7	389.62c	241.3d	21.7d	1.42ab	77.2f	121.70d	0.319a	0.634b	205.89b
V-8	431.33a	217.6j	18.3f	0.53d	68.5i	116.50g	0.315a	0.588c	191.76c
V-9	367.25e	244.3c	24.3a	1.19b	65.7j	130.70a	0.269a	0.503c	276.47a
CK	332.73h	220.7i	22.3c	0.83c	81.7c	117.30f	0.370a	0.697b	182.35c

注：同一列中不同小写字母表示显著差异（ $P < 0.05$ ）

　　蓝莓叶片横切面上表皮细胞厚度为17.5~24.3μm，上表皮角质层厚度为0.53~1.57μm。腺毛上下表皮均有分布，但主要分布于主脉处。气孔数为164.71~276.47 个/mm²。

　　栅栏组织较疏松，多为1~2层，细胞多为长柱形，与海绵组织的界限不明显。在栅栏组织中分布有较多的叶绿体，其厚度为65.7~89.9μm。海绵组织排列相对较为疏松，叶绿体较少，厚度为110.16~130.70μm。材料V-9下表皮叶脉有少数几个细胞变为红色，排列不规则。

　　（2）10株南高丛蓝莓材料叶片解剖结构指标间的多重比较

　　由表5-6可知，各指标灵敏程度依次为：气孔密度＞叶片厚度＞上表皮角质层厚度＞栅栏组织厚度＞海绵组织厚度＞上表皮厚度＞叶脉直径＞栅海比＞叶片组织结构紧密度。根据独立性和可比性原则，结合多重比较结果，本试验选用气孔密度、叶片厚度、上表皮厚度和栅栏组织厚度4项定量指标对9株变异株进行抗旱能力的比较。

表5-6　10株蓝莓材料叶片与抗旱性相关的解剖结构指标间的多重比较

项目	叶脉直径（μm）	叶片厚度（μm）	上表皮厚度（μm）	上表皮角质层厚度（μm）	栅栏组织厚度（μm）	海绵组织厚度（μm）	叶片组织结构紧密度	栅海比	气孔密度（个/mm²）
显著次数	58	83	63	81	76	71	22	35	85
不显著次数	32	7	27	9	14	19	68	55	5
总计	90	90	90	90	90	90	90	90	90

5.2.3.4　诱变材料的耐旱生理指标分析

　　（1）干旱处理对诱变植株可溶性糖含量的影响

　　随着胁迫时间的延长，经EMS处理后的再生植株的可溶性糖含量逐渐下降。干旱胁迫 3d 后,材料'V3'和 3#经 0.3% EMS 处理,其可溶性糖含量高于对照,分别增加了 51.04% 和 44.95%。与对照比差异显著。

(2)干旱处理对诱变植株丙二醛含量的影响

干旱胁迫下各处理 MDA 含量随时间的延长呈现上升的趋势,但是其上升幅度均小于对照。对于材料'V3'和 3#,干旱处理 3d 后 CK 的 MDA 含量分别增加了 12.5% 和 130.68%,材料'V3'经 0.6% 和 0.4% EMS 处理后 MDA 含量分别增加了 3.05% 和 10.4%;材料 3#经 0.5% 和 0.1% EMS 处理后 MDA 含量分别增加了 14.2% 和 16.7%,大大低于对照增加的幅度。

(3)干旱处理对诱变植株过氧化氢酶含量的影响

由表 5-7 可以看出,材料'V3'经 0.3% 和 0.6% EMS 处理后,其 CAT 活性分别比对照增加了 30.49% 和 84.59%;材料 3#经 0.1% 和 0.6% EMS 处理后,其 CAT 活性分别比对照增加了 23.39% 和 42.60%,差异显著。

表 5-7　干旱胁迫对'V3'和 3#植株叶片 CAT 活性的影响

处理浓度	材料'V3'			材料 3#		
	1d	2d	3d	1d	2d	3d
A	1.709c	1.827c	1.626bc	3.128b	3.325b	2.733b
B	1.418ef	1.528de	1.373cd	1.642d	1.814d	1.424d
C	2.039b	2.289b	1.823b	2.222c	2.326c	2.047c
D	1.641cd	1.737cd	1.542c	1.776d	1.953d	1.503d
E	1.223f	1.313e	1.024d	0.787e	0.931e	0.632e
F	2.701a	2.924a	2.578a	3.410a	3.623a	3.159a
CK	1.587cd	1.727cd	1.397cd	2.103c	2.366c	2.215c

注:同一列中不同小写字母表示显著差异($P < 0.05$)

干旱胁迫下,叶片中 CAT 活性随时间的延长先增加后降低,均在第二天达到最大值。干旱胁迫 3d 后,材料'V3'经 0.6% EMS 处理后,其 CAT 活性比对照增加了 84.5%,经 0.2% 和 0.5% EMS 处理后,其 CAT 活性低于对照;材料 3#经 0.1% 和 0.6% EMS 处理后,其 CAT 活性分别比对照增加了 23.3% 和 42.6%,经其他浓度 EMS 处理后,其 CAT 活性均低于对照。可见,适宜浓度的 EMS 处理增加了 CAT 的活性,改变了再生苗的酶系统,保护膜系统以适应干旱逆境。

(4)干旱处理对诱变植株过氧化物酶含量的影响

从表 5-8 可以看出,'V3'经 EMS 处理后,除 0.4% EMS 处理过氧化物酶(POD)活性略低于对照外,其余各处理均高于对照;经 0.3% 和 0.6% EMS 处理后,其 POD 活性分别比对照增加了 188.73% 和 152.17%。材料 3#则随 EMS 浓度的增加,先升高后降低,在 0.2% 时达到最大值,其 POD 活性比对照增加了 241.82%,差异显著。

表 5-8　干旱胁迫对 'V3' 和 3#植株叶片 POD 活性的影响

处理浓度	材料 'V3'			材料 3#		
	1d	2d	3d	1d	2d	3d
A	1847.389c	2001.246c	1834.253b	962.059c	947.015c	901.237c
B	1153.574e	1192.358e	1047.578e	1876.091a	1860.248a	1829.357a
C	2180.771a	2241.255a	2024.586a	1372.289b	1350.297b	1299.246b
D	670.498g	700.247g	662.147g	475.391e	469.397e	458.396e
E	1359.989d	1426.892d	1298.255d	265.849g	249.398g	230.106g
F	1897.240b	2004.259b	1768.248c	296.089f	280.397f	262.394f
CK	714.707f	762.143f	701.214f	543.478d	552.386d	535.186d

注：同一列中不同小写字母表示显著差异（$P < 0.05$）

随着胁迫时间的延长，POD 活性先逐渐升高后降低，但是其变化幅度都不大。干旱胁迫 3d 后，材料 'V3' 经 0.4% EMS 处理后，其 POD 活性略低于对照；经 0.3% EMS 处理后，其 POD 活性与对照相比达显著差异，增加了 188.73%。材料 3#经 0.2% 和 0.3% EMS 处理后，其 POD 活性明显高于对照。随胁迫时间的延长，POD 活性逐渐下降，部分处理依然高于对照。可见，经 EMS 处理后的 M_0 代植株在干旱胁迫下，部分浓度处理后，其 POD 活性高于对照，使其 POD 酶活性增强，有效地减少了自由基的伤害，增强了抗旱性。

（5）干旱处理对诱变植株超氧化物歧化酶活性的影响

表 5-9 表明，材料 'V3' 经 0.2% 和 0.3% EMS 处理后，B 与 C 处理组略高于对照，但随着处理浓度的增加（D、E、F），SOD 活性减弱。随着胁迫时间的延长，SOD 活性先升高后降低，变化幅度小。材料 3#经 0.3% EMS 处理后，其活性比对照高 35.92%，差异显著。

在干旱胁迫过程中随着时间的增加，处理后植株叶片中 SOD 活性先升高后降低。材料 'V3' 和 3#只有经 0.3% EMS 处理后的 M_0 代植株的 SOD 活性依然明显高于对照，分别比对照增加了 19.53% 和 35.92%。可见，在干旱胁迫的过程中，一定浓度的 EMS 诱变处理后，其酶活性始终高于对照，保持较高水平，说明经 0.3% EMS 处理得到的 'V3' 和 3#材料有较强的耐旱能力。

表 5-9　干旱胁迫对 'V3' 和 3#植株叶片 SOD 活性的影响

处理浓度	材料 'V3'			材料 3#		
	1d	2d	3d	1d	2d	3d
A	112.952e	121.146e	101.246e	653.310c	660.215c	632.472c
B	477.707b	485.247b	462.475b	729.245b	719.143b	706.259b
C	485.751a	492.147a	479.655a	1116.745a	1098.148a	1000.358a
D	323.276cd	330.215cd	314.011cd	266.931d	248.159d	220.578d
E	267.748d	273.031d	260.148d	204.499e	185.126e	173.246e
F	204.248d	211.037d	198.148d	679.348c	653.259c	631.253c
CK	408.079c	392.147c	401.269c	741.107b	729.359b	735.986b

注：同一列中不同小写字母表示显著差异（$P < 0.05$）

5.2.3.5　变异蓝莓植株的抗旱性综合评价

（1）表型变异株的筛选

经过田间观察及形态对比，从 460 余株蓝莓 M_0 代诱变植株中共筛选出了 9 株具有明显表型变异的单株（表 5-10）。所观察到的表型变异株均产生于材料'V3'经 EMS 处理后的 M_0 代植株。经 EMS 诱变后植株整体形态上表现为叶脉红色，茎上芽萌发位置发生改变，叶的着生方式和叶片大小发生改变（图 5-6～图 5-8）。

图 5-6　变异株叶片变化情况

A，B. 叶脉为红色（右），左为正常叶片；C. 叶片较大（右），叶脉为红色（中），左为正常叶片

图 5-7　芽萌发部位

A. 新梢萌发的同时其中部的 2 次枝开始萌发；B. 正常植株

图 5-8　叶片着生方式

A. 对生叶片；B，C. 正常植株，互生叶片

表 5-10　变异株和对照株的表型特征

材料编号	形态特征	生长势	处理方法
V-1	新梢萌发的同时其中部的 2 次枝开始萌发	长势旺盛，主茎分枝较多	
V-2	新梢萌发的同时其中部的 2 次枝开始萌发	长势旺盛，茎尖叶片卷曲	
V-3	新梢萌发的同时其中部的 2 次枝开始萌发	长势旺盛，茎尖叶片卷曲	
V-4	新梢萌发的同时其中部的 2 次枝开始萌发	长势旺盛，主茎分枝较多	
V-5	叶片明显变大	长势旺盛，侧枝较多	
V-6	叶片明显变大	长势旺盛，侧枝较多	EMS
V-7	叶片明显变大	长势旺盛，侧枝较多	
V-8	一主枝上部叶着生方式变为对生	长势较弱，分枝少，部分叶片黄绿	
V-9	叶片叶脉变为红色	长势一般，叶片颜色为黄绿色	
CK	正常植株叶片较小，叶脉绿色，芽从基部开始萌发	长势旺盛，株高较低	

（2）10 株蓝莓材料抗旱性分析结果

10 株蓝莓材料 4 项与抗旱性相关的解剖结构指标的隶属函数值及其累加值见表 5-11。由隶属函数分析结果可知，10 株蓝莓材料的抗旱能力从大到小为：V-5＞V-9＞V-4＞V-7＞V-3＞V-6＞CK＞V-1＞V-2＞V-8。

表 5-11　10 株蓝莓材料叶片 4 项结构指标的隶属函数分析及抗旱能力评价

材料编号	气孔密度	叶片厚度	上表皮厚度	栅栏组织厚度	累加值	抗旱性排序
V-1	0.153 786	0.363 296	0.852 941	0.309 917	1.679 940	8
V-2	0	0.303 371	0.735 294	0.570 248	1.608 913	9
V-3	0.307 702	0.707 865	0.382 353	0.607 438	2.005 358	5
V-4	1	1.644 195	0.147 059	0.326 446	3.117 700	3
V-5	0.692 298	1.876 404	0.617 647	1	4.186 349	1
V-6	0.384 595	0.558 052	0	0.826 446	1.769 094	6
V-7	0.538 512	0.887 64	0.617 647	0.475 207	2.519 006	4
V-8	0.353 733	0	0.117 647	0.115 702	0.587 083	10
V-9	1.461 488	1	1	0	3.461 488	2
CK	0.230 679	0.116 105	0.705 882	0.661 157	1.713 823	7

5.3　蓝莓多倍体育种研究

多倍体是指细胞中含有 3 个及以上染色体组的生物，多倍体现象广泛存在于植物中，杂交和多倍化是高等植物物种形成和进化的重要途径，约 70% 的被子植物在进化中经历一次或多次多倍化过程。多倍体在植物进化中起着重要的作用。由于染色体组倍数的提高，物种原有的性状发生了强烈的变化，在适应性、抗逆性、生理、生化等方面均表现出与同源二倍体不同的特点（王涛等，2015）。在自然界中，多倍体植物分布很普遍，从低等植物到高等植物都有多倍体类型，植物的自然演化地位越高，多倍体物种比例越大。一般认为，在同一属植物中，二倍体植物种是原始种，多倍体植物种是衍生种。因此，多倍体是高等植物进化的一个重要途径（宋灿等，2012）。

　　人类利用多倍体由来已久，六倍体普通小麦、八倍体凤梨等早有栽培。直到 20 世纪初，科研人员开始有意识地进行育种实践创造多倍体，多倍体育种技术才有了较大的发展（Hancock et al.，2018）。秋水仙素是化学诱导中应用最广、效果最好的诱变剂，其作用机理是秋水仙素能与植物细胞中微管蛋白结合，阻碍纺锤丝形成，导致复制后的染色体无法分向细胞两极，最终形成加倍的核（Alkhalf and Khalifa，2018）。自从 1937 年 Avery 与 Blakestee 用秋水仙素诱导得到曼陀罗四倍体后，国内外陆续开展了以秋水仙素为主要诱变剂的染色体加倍工作（Lyrene and Percy，1982）。

　　我国多倍体诱变育种通过几十年的发展与积累，在一些农作物及经济植物领域取得了一定的成绩。由于林木本身的生命周期较长，染色体加倍打破了植物体内部平衡，新生多倍体需要一定的时间进行重新调节，导致林木多倍体研究较少（康向阳等，2004）。在我国目前的研究中，多倍体育种主要是同源染色体的获得。近年来，多倍体诱导研究的方法也有所改进，除高温、辐射外，原生质体电融合技术及将组织培养技术与物理、化学方法相结合等技术已经运用于植物的多倍体诱变研究中，并取得了丰硕的成果。

5.3.1　多倍体诱导材料的选择

　　采用南高丛蓝莓品种‘V3’‘Legacy’及 3#的离体茎段及组培苗，离体茎段取自实验室苗圃地，组培苗取自西南大学园艺园林学院园林植物栽培与育种实验室建立的蓝莓组织培养再生体系。初代培养基及增殖培养基均为改良 WPM 培养基（李凌和李政，2009）。

5.3.2　试验方法

5.3.2.1　‘Legacy’离体快繁体系的建立

　　在晴天上午 9～11 点时选取生长旺盛、腋芽饱满的一年生半木质化枝条作为外植体。剪取枝条后在 4℃条件下冷藏预处理，时间梯度设置为 0d、1d、2d、3d，保持枝条湿润。处理完成后，剪成 5cm 左右茎段。用洗衣粉清洗茎段表面 10min，再用流水冲洗茎段 1h 以上（刘丽娟等，2009）。将冲洗好的茎段置于超净工作台上用 75%乙醇浸泡 20s，用无菌水冲洗 4 或 5 次，然后用 0.15% HgCl₂ 消毒 5min、8min、12min，无菌水冲洗 4 或 5 次，用无菌滤纸将茎段表面的水分吸干，将其剪成约 1cm 的茎段，每个茎段上有 1 个芽，接种于配制好的培养基中（Borrero et al.，2018）。

5.3.2.2　初代培养基中不同浓度玉米素对外植体的影响

　　将灭菌后的单芽外植体分别接种在含有不同浓度玉米素（ZT）的培养基上，ZT 浓度分别为 0mg/L、0.5mg/L、0.75mg/L、1.0mg/L、1.5mg/L、2.0mg/L、2.5mg/L、3.0mg/L。每种浓度接种 30 瓶，每瓶接种 1 个外植体。培养环境为温度（25±1）℃，光照 16h/d，光照强度为 1500～2000lx（Hancock，2006）。接种 10d 后观察外植体萌芽时间及生长情况。

计算公式：

$$污染率 =（污染个数/接种数）×100\%$$

$$存活率 =（存活数/接种数）×100\%$$

$$诱导率 =（不同 ZT 浓度外植体成枝数/每组接种外植体数）×100\%$$

$$增殖倍数 = 新枝总数/成枝的外植体数$$

5.3.2.3　离体诱导法

（1）培养基添加法（3#、'V3'）

将生长旺盛的无菌组培苗在超净工作台上剪取带叶茎尖（约 0.5cm），转接到浓度梯度为 0、0.1%、0.2%、0.3% 和 0.4% 秋水仙素的培养基中，进行 10d、20d 和 30d 的共培养，并统计其存活率，然后转接到不含秋水仙素的基本培养基中培养。每个处理设 3 次重复，每个重复处理 30 株茎尖。

（2）浸泡法（3#、'Legacy'）（李晓艳等，2010；李政等，2007）

将生长旺盛的无菌组培苗在超净工作台上剪取带叶茎尖（约 0.5cm），浸泡在经过抽滤灭菌，浓度为 0、0.05%、0.1%、0.15%、0.2% 的秋水仙素溶液中，然后放在摇床上（速度 100r/min）振荡，浸泡时间为 12h、24h、36h 和 48h，用无菌水冲洗 3～5 次，转接到不含有秋水仙素的基本培养基中，培养 30d 后，统计其存活率。每个处理重复 3 次。

$$存活率 =（存活个数/处理个数）×100\%$$

5.3.2.4　活体诱导法

待 3#、'V3' 的组培苗长至 3～5cm 时，将其切取下来接种在 1/2 MS+NAA 0.5mg/L 的生根培养基中暗培养 30d，待根长至 1cm 左右时，移到光下进行炼苗 7d，然后以 1cm 的株距把生根后的组培苗移栽到微酸性基质［腐殖土：（椰糠+稻壳）=2∶1］中，在人工控制条件下使其快速生长。待其正常生长 45d 后，选择茎尖生长旺盛的幼苗作为活体诱导材料。称取一定量的秋水仙素粉末溶于常温蒸馏水，配成浓度为 1.0% 的母液，贮藏于 4℃ 冰箱中保存备用。使用时取母液加蒸馏水稀释成浓度为 0.1%、0.2%、0.3%、0.4% 的秋水仙素溶液。在植物生长旺盛的时段（上午 9～11 点），取健壮、长势一致的幼苗进行处理。先用脱脂棉包裹新芽，然后用不同浓度的秋水仙素溶液对其进行处理。为防止处理液蒸发，用透明塑料膜遮盖材料。每隔 6h 滴 1 次，分别处理 12h、24h、36h、48h、60h 后除去脱脂棉、塑料膜，并用蒸馏水洗掉残余药液，在常规条件下进行田间正常管理。处理后的幼苗在成长过程中因为顶芽受到抑制，侧芽的生长会加快，要定期去掉多余的侧芽。处理 60d 后，经过处理后的顶芽已长成 3～5cm 的枝条，取茎尖旁幼叶用去壁低渗-火焰干燥法对其进行染色体计数。同时剪取枝条，并将其扦插于腐殖质丰富的微酸性基质中，45d 后扦插枝条开始生根，60d 后长出新芽。取新芽旁边的幼叶再进行染色体计数，统计变异率及多倍体细胞所占比例，比较不同处理效果及其变化情况（Retamales and Hancock，2011）。

5.3.2.5 嵌合体分离与生根移栽

（1）嵌合体分离

处理后恢复生长的植株大多为嵌合体，采用去壁低渗-火焰干燥法（李懋学和张赞平，1996）检测蓝莓的染色体数目。将嵌合体枝条切成小段，每段一个芽，转接到新的培养基上进行培养，反复切割重复几代直到分离得到四倍体植株；将处理后表现不明显的植株进行二次加倍获得嵌合体，再次用重复切割的方法获得纯合的四倍体植株。

（2）生根移栽

当处理后的组培苗生长至 3～5cm 高时，进行生根处理。生根培养基为 1/2 MS+NAA 0.5mg/L，在遮光条件下暗培养 30d，当根长至 1cm 左右时，再让试管苗在室温全光照下培养 10d 左右；炼苗 2～3d。在稀释 1000 倍的多菌灵溶液中浸泡 10min，移栽到基质中培养 30d，统计存活率。对处理后扦插的四倍体植株和二倍体植株的生长情况进行观察并统计，每隔 10d 记录一次生长高度（Larco et al.，2009）。

5.3.2.6 变异株与对照比较

（1）植株形态比较

当处理芽萌发 30d 后，用游标卡尺分别测量同一批萌发的变异株和对照株的茎直径，每组材料测量 10 组数据。再取变异株和对照株成熟叶片用游标卡尺测量 10 组叶长、叶宽；另各取 50 张（每组 5 张）成熟叶片，用游标卡尺测量 10 组叶片厚度，求平均值。

（2）下表皮气孔观察

取生长情况相近的变异株与对照株的成熟叶片，在干净的载玻片上滴一滴水，撕取叶片下表皮放置于玻片上，盖上盖玻片，加一滴 1%碘-碘化钾染色，选用 Leica DM1000 光学显微镜放大倍数分别为 10×100、10×40 的视野观察保卫细胞长度、宽度及气孔数目。每组材料选取 4 张叶片，选 3～5 个视野计数。

（3）叶片结构观察

选取生长势大致相同的变异株和对照株，采用徒手切片法（陈学森，2004）镜检，观察，拍照。用 Imagepro-Plus 软件测量，计算栅海比、CTR 值。

（4）生理指标比较

可溶性糖含量测定：蒽酮法（萧浪涛和王三根，2005）。

叶绿体含量测定：丙酮乙醇混合液法（郝建军等，2007）。

丙二醛（MDA）含量测定：硫代巴比妥酸法（郝建军等，2007）。

细胞膜透性分析：电导仪法（郝建军等，2007）。

（5）数据处理

采用 SPSS19.0 和 Excel2007 软件进行数据分析、差异性比较。

5.3.3　结果与分析

5.3.3.1　'Legacy'外植体处理及初代培养基筛选

'Legacy'外植体处理及初代培养基筛选操作流程如下。

1）冷藏预处理与消毒时间对外植体存活率的影响。接种 3～7d 后，未彻底消毒的带菌外植体的腋芽处或培养基上会出现多种菌落。由表 5-12 得出，随着消毒时间的增加，外植体的污染率呈下降趋势；消毒时间增加会使茎段褐化死亡，分别在 15d 和 30d 后统计污染率与存活率。与对照组相比，外植体冷藏预处理后污染率降低，存活率增加。预处理 1d 后不同消毒时间污染率分别降低 10.0%、16.6%、16.7%，存活率分别增加 6.6%、26.7%、6.6%。从污染率和存活率两方面综合考虑，本试验选取灭菌处理组合为预处理 1d 后 75% 乙醇消毒 20s，0.15% $HgCl_2$ 消毒 8min。

'Legacy'的离体茎段进行低温预处理后，与对照组相比，外植体污染率有所降低，在采用 75%乙醇消毒 20s 与 0.15% $HgCl_2$ 消毒 8min 时，经过不同时间低温预处理的外植体污染率均降低 16.6%，存活率在预处理 24h 和 48h 时分别提高了 26.7%、13.3%，但 72h 预处理后存活率未提高。试验组与对照组均未发现褐化现象。低温预处理后对初代及继代的植株生长均无明显影响。

表 5-12　冷藏预处理与消毒时间对外植体的影响

冷藏预处理时间(d)	消毒时间（min）	接种数（个）	污染数（个）	污染率（%）	存活数（个）	存活率（%）
	5	30	28	93.3	2	6.7
0	8	30	13	43.3	12	40.0
	12	30	9	30.0	5	16.7
	5	30	25	83.3	4	13.3
1	8	30	8	26.7	20	66.7
	12	30	4	13.3	7	23.3
	5	30	23	76.7	4	13.3
2	8	30	8	26.7	16	53.3
	12	30	4	13.3	8	26.7
	5	30	20	66.7	3	10.0
3	8	30	8	26.7	12	40.0
	12	30	3	10.0	8	26.7

2）不同 ZT 浓度的初代培养基对外植体出芽及生长的影响：在本试验中，蓝莓离体茎段接种 10d 左右腋芽开始萌动膨大，25d 后新芽开始长出，茎段基部愈伤块较小。不同浓度 ZT 对芽诱导差别较大，低浓度 ZT（1.0mg/L 及以下）的诱导率较高，最高可达 86.7%（表 5-13），随着 ZT 浓度的增加诱导率有所升高，添加适当浓度的 ZT 有利于外植体萌芽生长；高浓度 ZT（1.5mg/L 和 2.0mg/L）延迟出芽时间（图 5-9，图 5-10），诱导率较低，萌芽成枝后部分枝条叶子容易脱落，新枝生长受到抑制。由表 5-13 得出，3 号初代培养基中诱导率达 86.7%，外植体萌芽成枝后出现多芽现象（图 5-11），且植株健壮，增殖倍数达 2.16 倍。

本试验中，在培养蓝莓'Legacy'离体茎段时，发现添加低浓度 ZT 后腋芽萌动速度变快，萌发成枝后长势好；高浓度 ZT 反而会抑制腋芽萌发，并会影响成枝后的生长势；初代培养时加入 ZT 并没有影响继代植株的生长；相反，初代培养时不添加 ZT，继代植株长势明显较差，分枝量少。可见，一定量的 ZT 对蓝莓'Legacy'离体茎段芽萌发具有促进作用。

表 5-13　不同浓度的 ZT 对外植体腋芽萌发和生长情况的影响

编号	ZT（mg/L）	接种数（个）	出芽时间（d）	成枝数（个）	诱导率（%）	增殖倍数	初代新芽生长情况
1	0	30	35～40	22	73.3	1.00	叶偏大，叶色淡绿
2	0.5	30	28～37	26	86.7	1.37	生长健壮，植株较细，愈伤块正常
3	0.75	30	25～35	26	86.7	2.16	生长较快，外植体产生多芽，植株粗壮，愈伤块正常
4	1.0	30	25～38	20	66.7	1.05	生长较缓，愈伤块大
5	1.5	30	37～43	14	46.7	1.00	高浓度 ZT 下，外植体出芽后新芽生长缓慢
6	2.0	30	37～47	10	33.3	1.00	

图 5-9　低浓度 ZT 培养基外植体萌芽情况（40d）

图 5-10　高浓度 ZT 培养基外植体萌芽情况（40d）

图 5-11　初代培养外植体萌芽情况

A～C 均为改良 WPM 培养基中添加 0.75mg/LZT 时外植体萌芽情况，图 5-9 和图 5-10 为对照

5.3.3.2　离体诱导分析

（1）培养基添加法诱导 3#蓝莓组培苗多倍体的效果

由表 5-14 可知，随着秋水仙素处理浓度的升高和时间的延长，诱变效果先增强后降低，当秋水仙素浓度为 0.1%时，存活率在 90%以上，但诱变效果差，未发现变异株；当浓度升高到 0.4%时，对茎尖产生较大的毒害作用，大部分茎尖死亡，存活率和变异率均降低；其中以 0.3%秋水仙素处理 20d 时变异率最高，可以达到 10%。

表 5-14　培养基中添加秋水仙素对 3#蓝莓组培苗存活率及变异率的影响

处理浓度（%）	处理时间（d）	处理数（个）	存活数（个）	存活率（%）	嵌合体数（个）	四倍体数（个）	变异率（%）
0	30	30	30	100.00	0	0	0.00
0.1	10	30	30	100.00	0	0	0.00
	20	30	28	93.33	0	0	0.00
	30	30	27	90.00	0	0	0.00
0.2	10	30	29	96.67	0	0	0.00
	20	30	26	86.67	0	0	0.00
	30	30	22	73.33	1	0	3.33
0.3	10	30	25	83.33	0	0	0.00
	20	30	21	70.00	2	1	10.00
	30	30	18	60.00	1	0	3.33
0.4	10	30	20	66.67	1	0	3.33
	20	30	16	53.33	0	0	0.00
	30	30	11	36.67	0	0	0.00

（2）浸泡法诱导 3#蓝莓组培苗多倍体的效果

秋水仙素对蓝莓茎尖的诱变效果主要受处理浓度和处理时间的影响，当秋水仙素浓度为 0.05%时，存活率较高，但变异率低；随着处理浓度的增加，存活率降低从而影响了变异率，0.20%秋水仙素处理 48h 时，茎尖大量死亡，存活率降至 20%，变异率降低；其中以 0.10%秋水仙素处理 24h 时变异率和四倍体植株率最高，分别为 13.33%和6.67%（表 5-15）。

表 5-15　秋水仙素浸泡法对 3#蓝莓组培苗存活率及变异率的影响

处理浓度（%）	处理时间（h）	处理数（个）	存活数（个）	存活率（%）	嵌合体数（个）	四倍体数（个）	变异率（%）
0	48	30	30	100.00	0	0	0.00
0.05	12	30	30	100.00	0	0	0.00
	24	30	25	83.33	0	0	0.00
	36	30	19	63.33	1	0	3.33
	48	30	15	50.00	0	0	0.00
0.10	12	30	26	86.67	2	0	6.67
	24	30	21	70.00	2	2	13.33
	36	30	17	56.67	1	1	6.67
	48	30	11	36.67	0	0	0.00
0.15	12	30	21	70.00	2	0	6.67
	24	30	18	60.00	0	0	0.00
	36	30	13	43.33	1	0	3.33
	48	30	8	26.67	0	0	0.00
0.20	12	30	18	60.00	1	0	3.33
	24	30	15	50.00	0	0	0.00
	36	30	10	33.33	0	0	0.00
	48	30	6	20.00	0	0	0.00

（3）浸泡法诱导 'V3' 蓝莓组培苗多倍体的效果

所有秋水仙素处理浓度均诱导出了变异株。诱变效果受处理时间和秋水仙素浓度的影响，随着处理浓度和时间的增加，植株变异率增加、存活率降低。当处理浓度过高、处理时间过长时，植株出现畸形苗的概率增加，变异率和存活率降低。0.20%秋水仙素处理 48h时，茎尖大量死亡，存活率降至 23.33%，变异率降低；其中 0.10%秋水仙素处理 24h 的效果最好，变异率为 16.67%（表 5-16）。

表 5-16　秋水仙素浸泡法对'V3'蓝莓组培苗存活率及变异率的影响

处理浓度（%）	处理时间（h）	处理数（个）	存活数（个）	存活率（%）	变异数（个）	变异率（%）	四倍体数（个）
0	48	30	30	100.00	0	0.00	0
0.05	12	30	30	100.00	0	0.00	0
	24	30	24	80.00	0	0.00	0
	36	30	18	63.33	1	3.33	0
	48	30	15	50.00	0	0.00	0
0.10	12	30	27	90.00	2	6.67	0
	24	30	20	66.67	5	16.67	2
	36	30	15	56.67	2	6.67	0
	48	30	12	40.00	0	0.00	0
0.15	12	30	22	73.33	2	6.67	1
	24	30	17	56.67	1	3.33	0
	36	30	14	46.67	1	3.33	0
	48	30	10	33.33	0	0.00	0
0.20	12	30	16	53.33	1	3.33	0
	24	30	13	43.33	0	0.00	0
	36	30	9	30.00	0	0.00	0
	48	30	7	23.33	0	0.00	0

（4）培养基添加法诱导'V3'蓝莓组培苗多倍体的效果

表 5-17 表明，随着秋水仙素处理浓度的增加，诱变效果逐渐增强。材料在添加 0.3% 秋水仙素的培养基中处理 20d，茎尖的变异率最高，为 6.67%。当秋水仙素浓度为 0.1% 时，未出现变异株；材料在添加 0.4% 秋水仙素的培养基中处理 10d 时产生了 1 个变异株，随着处理时间的延长，植株的死亡率增加，处理 30d 时，存活率只有 43.33%。0.4% 处理浓度下加倍得到的变异株最终因为秋水仙素的毒害作用而死亡。

表 5-17　培养基中添加秋水仙素对'V3'蓝莓组培苗存活率及变异率的影响

处理浓度（%）	处理时间（d）	处理数（个）	存活数（个）	存活率（%）	变异数（个）	变异率（%）	四倍体数（个）
0	30	30	30	100.00	0	0.00	0
0.1	10	30	30	100.00	0	0.00	0
	20	30	29	96.67	0	0.00	0
	30	30	27	90.00	0	0.00	0
0.2	10	30	29	96.67	0	0.00	0
	20	30	27	90.00	0	0.00	0
	30	30	23	76.67	1	3.33	0

续表

处理浓度 （%）	处理时间 （d）	处理数 （个）	存活数 （个）	存活率 （%）	变异数 （个）	变异率 （%）	四倍体数 （个）
0.3	10	30	25	83.33	0	0.00	0
	20	30	22	73.33	2	6.67	0
	30	30	19	63.33	0	0.00	0
0.4	10	30	20	66.67	1	3.33	0
	20	30	17	56.67	0	0.00	0
	30	30	13	43.33	0	0.00	0

　　通过对诱变效果及变异率的差异对比发现，茎尖浸泡法比培养基添加法具有更明显的诱变效果，分析原因可能有以下两点：①培养基添加法主要是通过茎尖生长分化过程中吸收培养基中的秋水仙素来达到处理效果，而植株在培养瓶内培养过程中产生的代谢物会降低培养基中秋水仙素的浓度。②在培养基添加法中随着茎尖的生长，生长最旺盛的顶端分生组织逐渐远离秋水仙素的处理，所以诱变效果降低，而浸泡法则直接作用于分裂最旺盛的茎尖，从而达到了最佳的处理效果。

　　（5）浸泡法诱导 'Legacy' 蓝莓组培苗多倍体的效果

　　由表 5-18 可知，随着秋水仙素处理浓度的增加，植株受到的毒害作用增强，死亡率升高。以 0.20% 秋水仙素处理 36h 和 48h 时，茎尖全部死亡。在低浓度处理时，随着处理时间增加，变异率升高，但处理时间大于 36h 后植株变异率降低。0.05% 秋水仙素处理时死亡率较低，但没有发现变异株。其中以 0.1% 秋水仙素处理材料获得的变异株相对较多，处理 24h 的形态变异率为 16%，变异率为 10%，诱导效果最佳。

表 5-18　不同浓度秋水仙素和处理时间对蓝莓组培苗的影响

处理浓度 （%）	处理时间 （h）	处理茎尖数 （个）	死亡数（个）	死亡率（%）	形态变异数 （个）	形态变异率 （%）	嵌合体数 （个）	变异率（%）
0	0	50	0	0	0	0	0	0
0.05	12	50	0	0	0	0	0	0
	24	50	15	30	0	0	0	0
	36	50	23	46	1	2	0	0
	48	50	35	70	0	0	0	0
0.10	12	50	17	34	4	8	4	8
	24	50	24	48	8	16	5	10
	36	50	30	60	2	4	2	4
	48	50	38	76	0	0	0	0
0.15	12	50	20	40	3	6	2	4
	24	50	32	64	2	4	1	2
	36	50	38	76	0	0	0	0
	48	50	46	92	0	0	0	0

续表

处理浓度（%）	处理时间（h）	处理茎尖数（个）	死亡数（个）	死亡率（%）	形态变异数（个）	形态变异率（%）	嵌合体数（个）	变异率（%）
0.20	12	50	28	56	1	2	0	0
	24	50	35	70	0	0	0	0
	36	50	50	100	0	0	0	0
	48	50	50	100	0	0	0	0

（6）秋水仙素对'Legacy'蓝莓组培苗增殖的影响

在用浸泡法离体诱导蓝莓茎尖加倍过程中发现，0.05%秋水仙素处理 24h，蓝莓茎尖恢复生长后，表现出分枝量明显增多的现象（图 5-12）。将诱变后分枝量增多的植株取出多次继代，分枝能力增强的现象并未随着继代次数的增多而减弱，继代 4 次后组培苗的增殖系数分别为 6.83、6.66、6.68、6.78，组培苗生长过程中部分茎秆变红，生长势较二倍体有所增加。统计分析结果表明（表 5-19），处理后萌芽数与增殖率均与对照呈现极显著差异，继代各代之间萌芽数与增殖率均无显著差异。处理后的植株后代在生长中均出现茎秆变红的现象。

图 5-12　秋水仙素诱变株增殖情况（B 为对照）

表 5-19　秋水仙素对蓝莓'Legacy'丛生芽增殖的影响

继代数（次）	接种数（个）	萌芽数（个）	增殖系数	生长情况
CK	8	25.10±2.079bB	3.14±0.260bB	茎秆绿，生长正常，愈伤块正常，直径约 0.4cm
1	8	54.60±2.757aA	6.83±0.345aA	
2	8	53.30±4.547aA	6.66±0.568aA	茎秆变红但未增粗，分蘖多，叶绿，愈伤块增大，直径约 0.6cm
3	8	53.40±5.358aA	6.68±0.670aA	
4	8	54.20±4.185aA	6.78±0.523aA	

注：表中数据后大、小写字母表示显著水平分别为 0.01 和 0.05

在试验过程中发现此现象后，取本实验室中已有的蓝莓组培苗品种'Sharpblue'和'M5'，采用本试验中各个浓度的秋水仙素浸泡 24h，对存活植株的后代继代培养，同样出现茎秆变红的现象，但并未发现诱变处理后分枝量明显增多的植株。

将分枝量明显增多的植株进行染色体计数，镜检未发现加倍细胞；生根移栽后，组培条件下分枝量增多的移栽苗（以下统称移栽苗）同样表现出分枝量增多的现象（图 5-13）。移栽 90d 后，对移栽苗株高、茎直径及分枝量统计分析（表 5-20）发现，移栽苗分枝量增多的植株较二倍体株高增加 10.93%，分枝量增加 150%，移栽苗株高和分枝量与对照株呈现极显著差异，茎直径无显著差异。移栽苗出现叶片边缘卷曲和褶皱（图 5-14），叶着生方式发生改变，即由单叶对生变为叶单侧着生 2 或 4 片（图 5-15）。

表 5-20　表现出分枝增多组培苗移栽 90d 的株高、茎直径、分枝量差异显著性比较

组别	株高（cm）	茎直径（mm）	分枝量
对照株	8.60±0.21bB	0.54±0.03aA	1.00±0.00bB
分枝增多株	9.54±0.38aA	0.56±0.02aA	2.50±0.53aA

注：表中数据后大、小写字母表示显著水平分别为 0.01 和 0.05

图 5-13　移栽后秋水仙素诱变株增殖情况（A 为对照）

图 5-14　诱变株（A）叶片较对照株（B）呈现边缘卷曲现象

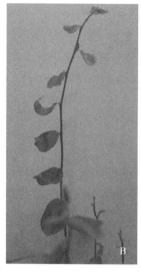

图 5-15　诱变苗（A、B）与对照株（C）叶片着生方式比较

5.3.3.3　活体诱导分析

（1）对 3# 的诱导效果

随着秋水仙素处理浓度的升高和时间的延长，诱变效果先增加后降低。由表 5-21 可以看出，在各个浓度条件下，3# 处理 12h 的存活率相对较高，均在 73% 以上，处理 24h 的存活率明显高于处理 48h 的。对处理后的植株进行观察发现：材料生长受到不同程度的抑制，处理后植株茎尖逐渐枯黄并死亡；部分植株处理后停止生长，或部分出现畸形生长现象。

表 5-21　滴液法对 3# 存活率及变异率的影响

处理浓度（%）	处理时间（h）	处理数（个）	存活数（个）	存活率（%）	嵌合体数（个）	四倍体数（个）	变异率（%）
0	48	33	33	100	0	0	0.00
0.1	12	32	30	94	0	0	0.00
	24	28	25	89	1	0	3.57
	48	29	15	52	1	0	3.45
0.2	12	30	26	87	0	0	0.00
	24	33	24	73	3	0	9.09
	48	34	14	41	1	0	2.94
0.3	12	27	22	81	0	0	0.00
	24	28	19	68	1	0	3.57
	48	28	10	36	0	0	0.00
0.4	12	30	22	73	1	0	3.33
	24	34	19	56	0	0	0.00
	48	36	10	28	0	0	0.00

（2）对'V3'的诱导效果

0.1%的秋水仙素处理茎尖 24h 的诱导效果最佳，变异率为 16.67%。在培养 30d 后，计算各处理的存活率。随着处理浓度的升高和时间的延长，存活率降低。在 0.2%以下的处理浓度，随着秋水仙素溶液浓度的升高，变异率增大。结果显示：在 0.1%～0.2%的浓度，蓝莓栽植苗茎尖对秋水仙素的敏感度较高。变异株均为嵌合体，对处理后植株进行观察发现：处理后植株顶端茎尖生长受到抑制，侧芽生长加快，植株整体生长受到抑制，一些植株死亡，部分植株处理后停止生长或出现畸形。存活的植株出现植株叶片整体发红的现象（图 5-16，图 5-17）。

图 5-16 处理后叶片发红的植株　　　　　　图 5-17 二倍体对照株

5.3.3.4 多倍体鉴定

（1）3#

采用改良去壁低渗-火焰干燥法，对选出的 3#变异株及二倍体对照株茎尖细胞进行染色体数目鉴定。在 10×100 倍显微镜下进行染色体计数，结果表明：南高丛蓝莓 3#二倍体细胞的染色体数目为 $2n = 2x = 24$（图 5-18），获得的 28 株变异材料有 4 株茎尖细胞的染色体数目为 $2n = 4x = 48$（图 5-19），证明为四倍体，其他变异株茎尖细胞染色体数既有 24 条又有 48 条，为嵌合体，同时发现变异株中存在少量的八倍体细胞。

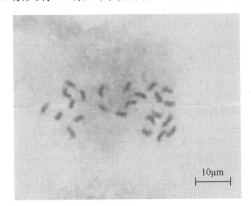 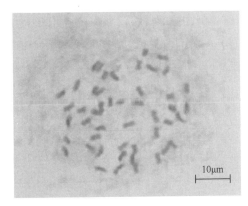

图 5-18 3#二倍体蓝莓的染色体数目：　　　图 5-19 3#四倍体蓝莓的染色体数目：
$2n = 2x = 24$　　　　　　　　　　　　　$2n = 4x = 48$

（2）'V3'

染色体计数结果表明：对照株染色体数目为 $2n=2x=24$（图 5-20），经过各种浓度梯度和时间梯度处理后获得的变异株中，既有二倍体细胞也有四倍体细胞，为二者共存的嵌合体。待鉴定的蓝莓变异株染色体为 48 条（图 5-21）的细胞占植株 2/3 时，该变异株确定为四倍体植株。

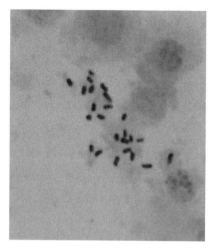

图 5-20　'V3'二倍体细胞的染色体数目
（10×100）

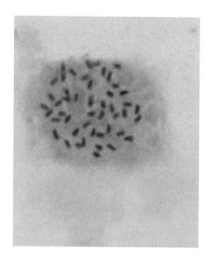

图 5-21　'V3'四倍体细胞的染色体数目
（10×100）

（3）'Legacy'

二倍体细胞的染色体数目为 $2n=2x=24$（图 5-22）；经诱导的植株出现了染色体加倍现象，即染色体数为 $2n=4x=48$（图 5-23）；同时诱导后植株均表现为嵌合体，统计变异株中 10 个视野的细胞数目及细胞分裂象，重复 5 次，发现多倍体细胞比例最高为 49.06%。

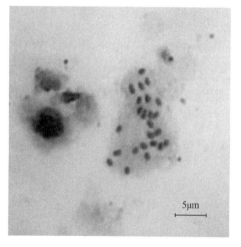

图 5-22　'Legacy'二倍体细胞的染色体数目

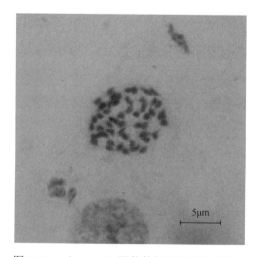

图 5-23　'Legacy'四倍体细胞的染色体数目

5.3.3.5　多倍体与对照的形态及解剖结构特征差异比较

（1）3#多倍体与对照的形态及解剖结构特征差异比较

1）茎叶形态比较。从图 5-24、图 5-25 和表 5-22 可以看出，变异材料表现出叶大、叶色浓绿、茎秆粗壮、表皮毛增多等现象；其平均茎直径、叶厚、叶长、叶宽、叶形指数是二倍体对照的 131.94%、153.33%、109.93%、114.04%、96.32%，植株表现出典型的器官巨大性。

图 5-24　变异株（左）与二倍体（右）叶比较

图 5-25　变异株（左）与二倍体（右）茎比较

表 5-22　变异株与二倍体茎、叶及叶形指数差异显著性的比较

倍性	茎直径（mm）	叶厚（mm）	叶长（mm）	叶宽（mm）	叶形指数（mm）
2x	0.72±0.075bB	0.15±0.080bB	7.65±0.646bB	4.70±0.347bB	1.63±0.016aA
4x	0.95±0.080aA	0.23±0.037aA	8.41±0.490aA	5.36±0.298aA	1.57±0.010bA

注：表中数据后的大、小写字母表示显著水平分别为 0.01 和 0.05

2）叶片气孔特征观察比较。变异材料气孔的大小与密度均较二倍体材料存在差异（图 5-26～图 5-29）。处理后植株保卫细胞的长度和宽度有所增加，分别是二倍体的 1.17 倍和 1.29 倍，相同视野中气孔数目减少，气孔密度减少了 30.7%，这都表现出多倍体的巨大性（表 5-23）。

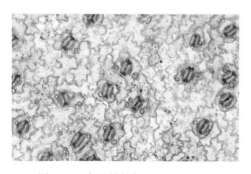

图 5-26　变异株的气孔（10×20）

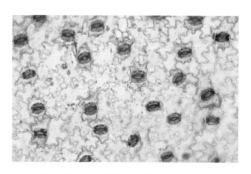

图 5-27　二倍体的气孔（10×20）

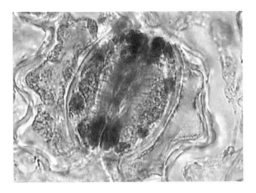

图 5-28　变异株气孔的形态（10×100）　　　　图 5-29　二倍体气孔的形态（10×100）

表 5-23　变异株与二倍体气孔保卫细胞差异显著性比较

倍性	保卫细胞长度（μm）	保卫细胞宽度（μm）	气孔密度（个/mm²）
2x	29.5±1.51bB	19.1±1.29bB	21.8±6.14aA
4x	34.6±1.90aA	24.7±1.26aA	15.1±2.37bB

注：表中数据后的大、小写字母表示显著水平分别为 0.01 和 0.05

3）叶片解剖结构指标比较。从徒手切片可以看出（图 5-30，图 5-31），变异蓝莓叶片的主脉直径、上表皮厚度、上表皮角质层厚度、栅栏组织厚度、海绵组织厚度均大于二倍体植株，存在极显著差异（表 5-24）。

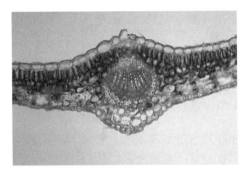

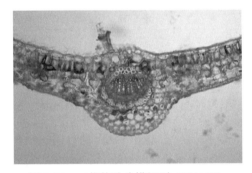

图 5-30　变异株叶片横切面（10×10）　　　　图 5-31　二倍体叶片横切面（10×10）

表 5-24　变异株与二倍体蓝莓叶片 6 项解剖结构指标显著性比较

倍性	主脉直径（μm）	上表皮厚度（μm）	上表皮角质层厚度（μm）	栅栏组织厚度（μm）	海绵组织厚度（μm）	叶片组织结构紧密度
2x	412.0±17.32bB	17.1±2.82bB	3.6±0.24bB	55.9±4.41bB	86.2±5.79bB	0.37±0.03aA
4x	509.0±16.43aA	20.1±2.83aA	5.8±0.44aA	79.0±4.57aA	116.8±8.39aA	0.39±0.03aA

注：表中数据后的大、小写字母表示显著水平分别为 0.01 和 0.05

4）生长情况比较。对诱导后获得的四倍体植株及二倍体对照株，扦插移栽后进行株高统计比较。由图 5-32 可以看出，四倍体植株早期株高低于对照，推断秋水仙素对植株生长具有一定的抑制作用。移栽 60d 后，四倍体植株呈现出加快生长趋势，其后株高高于对照，但仍有部分四倍体植株出现严重缓慢或停止生长的情况。

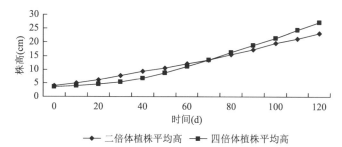

图 5-32 四倍体和二倍体蓝莓株高生长图

（2）'V3'多倍体与对照的形态及解剖结构特征差异比较

1）茎叶形态比较。在相同的培养条件下，对二倍体和处理后的材料进行观察比较发现：处理后的植株，生长迟缓，茎秆变粗，颜色加深（图 5-33）。从外表观察，栽培后的变异株新长出来的叶片数增多，茎尖颜色发红，表皮毛增多，培养过程中存活下来的变异株茎变粗壮（图 5-33），出现植株发红类型和叶片畸形类型（图 5-34，图 5-35）。

图 5-33 二倍体与变异株形态比较

A，C. 变异株；B，D. 二倍体

图 5-34 变异株出现畸形叶片 　　　　图 5-35 二倍体正常叶形

从图 5-33 可以看出，变异株表现出典型的器官巨大性。在茎直径、叶厚、叶长、叶宽及叶形指数方面都有一定的差异。变异株较二倍体对照株茎直径、叶厚、叶长、叶宽有明显差异，叶形指数差异不明显。

2）叶片解剖结构鉴定结果。从叶片的石蜡切片（图5-36，图5-37）可以看出：二倍体与变异株的叶片解剖结构中都是由上下表皮细胞、栅栏组织细胞、海绵组织细胞等构成。叶片主脉由维管束组成，维管束与表皮之间为薄壁细胞。

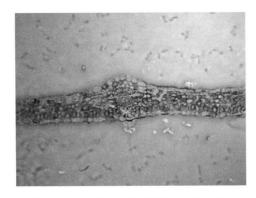 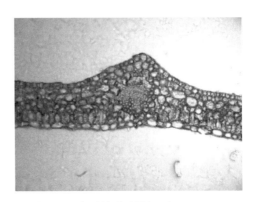

图 5-36　二倍体叶片横切面（10×20）　　　　图 5-37　变异株叶片横切面（10×20）

由表 5-25 和表 5-26 可知，变异株较二倍体对照株表皮细胞之间的角质层加厚，栅栏组织和海绵组织厚度均显著增加，存在极显著差异。但变异株与二倍体植株在叶片组织结构紧密度上无极显著差别。

表 5-25　二倍体和变异株叶片 6 项解剖结构指标比较

编号	主脉直径（μm）		上表皮厚度(μm)		上表皮角质层厚度（μm）		栅栏组织厚度（μm）		海绵组织厚度（μm）		叶片组织结构紧密度	
	二倍体	变异株	二倍体	变异株	二倍体	变异株	二倍体	变异株	二倍体	变异株	二倍体	变异株
1	140.0	205.0	10.0	15.0	0.3	1.5	15.0	30.0	50.0	60.0	0.19	0.27
2	155.0	215.0	10.0	15.0	0.2	1.5	20.0	30.0	50.0	75.0	0.22	0.23
3	130.0	235.0	5.0	15.0	0.4	1.5	20.0	25.0	45.0	82.5	0.25	0.19
4	125.0	225.0	10.0	15.0	0.4	2.0	20.0	35.0	50.0	90.0	0.24	0.23
5	160.0	245.0	10.0	15.0	0.2	1.5	20.0	45.0	50.0	85.0	0.24	0.29
6	185.0	240.0	10.0	15.0	0.5	2.0	30.0	50.0	55.0	75.0	0.32	0.33
7	150.0	240.0	10.0	15.0	0.3	1.5	25.0	50.0	50.0	85.0	0.26	0.31
8	175.0	203.0	10.0	15.0	0.3	1.5	25.0	50.0	55.0	75.0	0.28	0.34
9	170.0	215.0	5.0	10.0	0.5	2.0	25.0	55.0	50.0	75.0	0.29	0.35
10	175.0	240.0	10.0	15.0	0.4	2.0	25.0	55.0	45.0	85.0	0.26	0.33
平均值	156.5	226.3	9.0	14.5	0.4	1.7	22.5	43.0	50.0	79.8	0.26	0.29

表 5-26　二倍体和变异株叶片 6 项解剖结构指标差异显著性比较

倍性	主脉直径（μm）	上表皮厚度（μm）	上表皮角质层厚度（μm）	栅栏组织厚度（μm）	海绵组织厚度（μm）	叶片组织结构紧密度
二倍体	156.5±20.28bB	9.0±2.11bB	0.4±0.11bB	22.5±4.25bB	50.0±3.33bB	0.26±0.04aA
变异株	226.3±15.78aA	14.5±1.58aA	1.7±0.26aA	43.0±6.83aA	79.8±8.69aA	0.29±0.05bA

注：表中数据后的大、小写字母表示显著水平分别为 0.01 和 0.05

3）茎秆解剖结构鉴定结果。变异株初生韧皮部厚度和髓直径是二倍体植株的 328%、218%（表 5-27，表 5-28）。植株的髓腔呈不规则形状。二倍体和变异株茎秆横切面见图 5-38 和图 5-39。

表 5-27　二倍体和变异株茎段 5 项解剖结构指标比较

编号	茎秆直径（μm）		表皮厚度（μm）		初生韧皮部厚度（μm）		初生木质部厚度（μm）		髓直径（μm）	
	二倍体	变异株	二倍体	变异株	二倍体	变异株	二倍体	变异株	二倍体	变异株
1	1374.0	2466.0	36.0	38.0	52.4	233.0	180.5	183.0	447.9	968.0
2	1327.0	2407.0	40.0	41.0	54.0	126.0	191.0	264.0	454.0	912.0
3	1389.0	2398.0	36.7	52.0	57.7	158.0	194.7	204.3	440.0	1002.0
4	1433.0	2495.0	30.0	41.0	48.9	175.5	173.6	183.0	410.0	866.0
5	1454.0	2429.0	40.0	48.0	57.7	164.0	185.0	185.0	426.0	963.5
6	1432.0	2519.0	37.0	38.0	63.0	192.0	188.0	217.6	422.0	971.0
7	1487.0	2505.0	33.0	44.0	51.0	214.0	171.8	193.0	440.0	926.0
8	1412.0	2371.0	35.0	43.0	45.0	153.0	175.7	179.0	436.0	893.0
9	1424.0	2479	38.0	41.0	66.0	175.0	177.0	186.0	416.0	974.0
10	1413.0	2330.0	30.0	45.0	41.8	170.0	188.0	197.0	412.0	899.0
平均值	1414.5	2439.9	35.57	43.10	53.75	176.05	182.53	199.19	430.39	937.45

表 5-28　二倍体和变异株茎秆 5 项解剖结构指标差异显著性比较

倍性	茎秆直径（μm）	表皮厚度（μm）	初生韧皮部厚度（μm）	初生木质部厚度（μm）	髓直径（μm）
二倍体	1414.5±44.11bB	35.57±3.62bB	53.75±7.60bB	182.53±7.90bB	430.39±15.39bB
变异株	2439.9±62.83aA	43.10±4.38aA	176.05±30.70aA	199.19±25.64bA	937.45±44.20aA

注：表中数据后的大、小写字母表示显著水平分别为 0.01 和 0.05

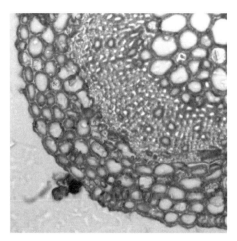

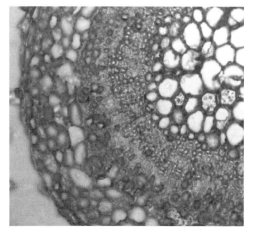

图 5-38　二倍体茎秆横切面（10×20）　　　图 5-39　变异株茎秆横切面（10×20）

（3）‘Legacy’多倍体与对照的形态及解剖结构特征差异比较

1）形态特征变化。存活下来的变异株植株外部形态上表现出叶片颜色变深；茎顶端、新叶表皮毛增多；生长缓慢。秋水仙素诱变后植株出现畸形叶（图 5-40）。通过表 5-29、

表 5-30 对比发现，变异株的茎直径、叶厚、叶宽、叶长较对照株均有增大，分别是对照株的 141.51%、170.00%、119.18%、105.72%；叶形指数较对照株降低，是对照株的 88.69%。除叶长外的其他 4 项，变异株与对照株在 0.01% 水平呈现极显著差异；叶长在 0.05% 水平呈现显著差异。

图 5-40　秋水仙素诱变后出现畸形叶

表 5-29　变异株与对照株茎、叶及叶形指数对比

编号	茎直径（mm）		叶厚（mm）		叶宽（mm）		叶长（mm）		叶形指数	
	对照株	变异株	对照株	变异株	对照株	变异株	对照株	变异株	对照株	变异株
1	0.55	0.75	0.11	0.19	3.55	4.36	5.71	6.56	1.61	1.50
2	0.50	0.78	0.10	0.14	4.06	4.39	6.59	6.82	1.62	1.55
3	0.57	0.77	0.10	0.18	3.24	4.34	5.48	6.31	1.69	1.45
4	0.49	0.74	0.11	0.17	3.97	4.15	6.81	6.36	1.71	1.53
5	0.52	0.71	0.12	0.17	3.42	4.24	5.82	6.47	1.70	1.53
6	0.52	0.75	0.10	0.17	3.83	4.21	6.72	6.27	1.61	1.49
7	0.54	0.76	0.09	0.16	3.78	4.13	6.07	6.17	1.84	1.49
8	0.55	0.73	0.11	0.18	3.35	4.44	6.18	6.46	1.58	1.45
9	0.53	0.76	0.10	0.18	3.77	4.65	5.95	6.85	1.68	1.47
10	0.51	0.76	0.09	0.16	3.49	4.61	5.87	6.38	1.50	1.38
平均值	0.53	0.75	0.10	0.17	3.65	4.35	6.12	6.47	1.68	1.49

表 5-30　变异株与对照株茎、叶及叶形指数差异显著性比较

组别	茎直径（mm）	叶厚（mm）	叶长（mm）	叶宽（mm）	叶形指数
对照株	0.53±0.025bB	0.10±0.009bB	6.12±0.450bA	3.65±0.275bB	1.68±0.081bB
变异株	0.75±0.020aA	0.17±0.014aA	6.47±0.224aA	4.35±0.179aA	1.49±0.049aA

注：表中数据后大、小写字母表示显著水平分别为 0.01 和 0.05

2）下表皮气孔特征变化。由表 5-31、表 5-32 可知，变异株与对照株保卫细胞长度、宽度和气孔密度均存在极显著差异。变异株的气孔密度降低、保卫细胞明显增大。

表 5-31 对照株与变异株气孔保卫细胞与气孔数目对比

编号	保卫细胞长度（μm）		保卫细胞宽度（μm）		气孔密度（个/10×40 视野）	
	对照株	变异株	对照株	变异株	对照株	变异株
1	32.5	37.5	17.5	23.0	30	24
2	30.0	35.0	20.0	25.0	31	25
3	32.5	35.0	20.0	25.0	29	25
4	32.5	35.0	20.0	23.75	30	25
5	27.5	37.5	17.5	24.0	32	24
6	30.0	35.0	22.5	24.0	31	23
7	30.0	35.0	22.5	23.75	32	24
8	32.5	37.5	20.0	24.0	31	22
9	30.0	35.0	20.0	24.0	31	20
10	30.0	35.0	22.5	25.0	30	21
平均值	30.75	35.75	20.25	24.15	30.70	23.30

表 5-32 对照株与变异株气孔差异显著性比较

组别	保卫细胞长度（μm）	保卫细胞宽度（μm）	气孔密度（个/10×40 视野）
对照株	30.75±1.687bB	20.25±1.845bB	30.70±0.949bB
变异株	35.75±1.208aA	24.15±0.658aA	23.30±1.767aA

注：表中数据后大、小写字母表示显著水平分别为 0.01 和 0.05

3）叶片结构特征变化。由图 5-41 可见，诱变前后蓝莓 'Legacy' 叶片横切结构均含有上下表皮层、较丰富的栅栏组织和海绵组织等结构。变异株与对照株相比，主脉直径、上表皮厚度、栅栏组织厚度、海绵组织厚度在 0.01 水平上呈现极显著差异，分别为对照株的 152.2%、149.5%、219.7%、143.4%；但叶片组织结构紧密度方面无显著差异。

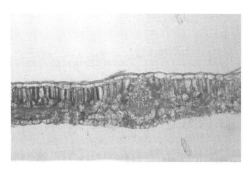 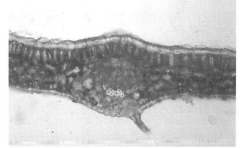

图 5-41 'Legacy' 叶片横切对比（左为对照）

5.3.3.6 多倍体与对照的生理指标差异显著性比较

（1）3#多倍体与对照的叶绿素含量比较

由表 5-33 可以看出，四倍体植株叶片叶绿素含量高于二倍体植株，四倍体植株光合作用强于二倍体植株。

表 5-33　四倍体与二倍体叶绿素含量比较

倍性	叶片质量（g）	A_{645}（nm）	A_{663}（nm）	叶绿素含量（mg/g）
2x	0.10	0.334	0.839	3.38**
4x	0.10	0.390	0.916	3.82**

注：表中数据后的"**"表示显著水平为 0.01

（2）'V3'多倍体与对照的生理指标差异显著性比较

表 5-34 表明，'V3'四倍体植株的叶绿素、SOD、可溶性糖、脯氨酸含量均高于二倍体植株，但丙二醛含量略低于二倍体植株。由此可推测出，在一定程度上，四倍体植株的抗逆性比二倍体植株有所增强。

表 5-34　'V3'二倍体和四倍体植株 5 项生理指标比较

倍性	叶绿素含量（mg/g）	丙二醛含量（μmol/g）	SOD 含量（U/g）	可溶性糖含量（%）	脯氨酸含量（μg/g）
2x	3.63	1.11	117.64	0.96	35.75
4x	3.79	0.95	188.24	1.28	70.25

（3）不同方法对'V3'多倍体及对照叶片、植物茎花青素含量的测定

花青素具有优异的抗氧化和消除自由基的能力，能够抗肿瘤、抗心血管疾病、抗衰老、抗辐射、抗炎、抗疲劳、改善视力等，而蓝莓中含有大量的花青素，这也是蓝莓果实成为现代保健食品的原因之一。本试验通过比较二倍体与四倍体植株不同部位花青素含量的变化发现，由于多倍体植物染色体加倍，植株叶片和茎秆上花青素含量会相应增加。

从表 5-35、表 5-36 可以看出，在相同的测定波长和同一方法的提取下，四倍体植株的茎秆和叶片中的花青素含量都明显高于二倍体植株，且叶片与茎秆中花青素的含量相比，叶片中含量更高。

表 5-35　二倍体和四倍体在 pH=2.0 条件下提取的花青素含量　　　（单位：μg/g）

类型	测定波长为 520nm				测定波长为 700nm			
	茎秆		叶片		茎秆		叶片	
	2x	4x	2x	4x	2x	4x	2x	4x
A	249	297	403	422	109	119	152	178
B	653	657	905	928	234	370	462	478

表 5-36　二倍体和四倍体在 pH=4.5 条件下提取的花青素含量　　　（单位：μg/g）

类型	测定波长为 520nm				测定波长为 700nm			
	茎秆		叶片		茎秆		叶片	
	2x	4x	2x	4x	2x	4x	2x	4x
A	183	330	206	582	34	180	237	242
B	259	343	544	765	51	178	186	296

5.4　蓝莓染色体鉴定研究——6 株实生苗的核型分析及抗旱能力分析

5.4.1　供试材料的选择

每周观测并记录 3 个品种亲本材料（'蓝丰''达柔''圆蓝'）自然授粉下产生的实生苗后代群体幼苗的生长情况。测评内容包括：株高及茎色、叶片形状及颜色、是否在次年开花、花色及花边有无、开花后是否座果及果实颜色。

5.4.2　试验方法

5.4.2.1　蓝莓染色体核型分析

（1）制片体系的建立

采用去壁低渗-火焰干燥法制备染色体装片的操作流程如下。

1）取材：于抽芽阶段取旺盛生长的茎尖，尽可能多地剥除外部小叶片，留芽长在 0.5cm 之内，再用刀片横切去除芽顶部幼叶尖后放入 1.5ml 离心管中待用。

2）预处理：分别用 8-羟基喹啉和混合预处理液（0.1%秋水仙素：0.002mol/L 8-羟基喹啉=1：1）对材料进行浸泡处理（蔡联炳和冯海生，1997；隆有庆等，2000；赵东利等，1999）。每种处理液设 1h、2h、3h 和 4h 共 4 个时间梯度。处理时预处理液尽可能多加，同时注意遮光和通风，并不时振摇离心管。通过镜检观察，根据玻片上所制得中期分裂象的多少选出最合适的预处理液和处理时间。

3）前低渗：弃去预处理液后，用去离子水冲洗材料数次，注入低渗液浸泡处理 20min 使细胞膜充分膨胀。分别设 3 种处理：去离子水浸泡、0.075mol/L KCl 溶液浸泡和无前低渗处理。观察比较后选择最好的处理方式。

4）固定：弃去预处理液，用去离子水冲洗材料后分别用固定液 I（甲醇：冰醋酸=3：1）和固定液 II（乙醇：氯仿：冰醋酸=6：3：1）浸泡材料 2～24h。比较两种处理下染色体铺展状况，选择适用的固定液。

5）酶解：弃去固定液，用去离子水反复冲洗材料至闻不到固定液味道后，滴加混合酶液直至材料被酶液完全淹没。26～28℃恒温下处理材料。同时处理时间设 2h、3h、4h 和 5h 共 4 个梯度。镜检观察染色体分散程度以确定合适的酶解时间。

6）后低渗：将混合酶液回收后，用去离子水轻轻润洗材料以去除残留酶液，再注入去离子水浸泡材料 10～20min。

7）再固定、敲片：吸干去离子水后向离心管中注入固定液 I。0.5～1h 之后可用小镊子轻轻夹起处理好的材料并滴一滴固定液 I 在镊子上，同时从冰水混合物中取出一张载玻片（使用前冷藏在冰箱中），甩干玻片上的水并迅速将材料敲碎在冰冻过的玻片上，趁材料未干之前快速滴加一滴固定液 I，再将玻片一角略微抬起，轻轻吹气使细胞均匀铺散在玻片上，然后在酒精灯外焰上烘烤片刻，最后将玻片放在通风处使其自然风干。

8）染色：当玻片彻底风干并已闻不到固定液味道后便可用 Giemsa 染液（磷酸缓冲液：Giemsa 母液=20：1）进行染色。染色时每张玻片需染液 3ml，浸泡染色 15min 左右。染色后洗净玻片上多余染液，自然风干。

9）镜检：在电子显微镜下按从低倍镜到高倍镜的顺序观察染色体制备效果并在 100 倍镜下拍摄照片。

（2）染色体的核型分析

每株材料选择 30 个染色体清晰、无重叠的细胞进行染色体计数。当所统计的细胞中 85%以上具有相同数目染色体时可确定该植株染色体数目（梁国鲁等，1998；张贵友，2003）。

每株材料选择 5 个染色体分散效果好，与背景反差强，单个染色体不扭曲、不发虚，主缢痕清晰可见的细胞进行核型分析。用软件依次测量每条染色体长度、短臂长度。根据所测得的数据计算染色体臂比值、绝对长度、总长度、相对长度、着丝粒指数、核型不对称系数等，取平均值制作核型参数表。

根据 Kuo 和 Levan 分类标准划分染色体类型，按照 Stebbins 核型分类标准判断核型类型（李懋学和陈瑞阳，1985；贾勇炯等，1998；孔照胜等，1999；Stebbins，1971；朱徽，1982）。用软件进行同源染色体配对。

5.4.2.2　运用结构植物学方法评价蓝莓实生苗的抗旱性

（1）临时装片的制作与各项抗旱指标的测量和计算

选取生长大致相同的变异株和对照株，采用徒手切片法（陈学森，2004）镜检、观察、拍照，并计算栅海比、叶片组织结构紧密度；测量叶片厚度、主脉直径、上下表皮厚度、上下表皮角质层厚度、栅栏组织厚度和海绵组织厚度，计算气孔密度。

（2）抗旱性解剖结构指标的筛选

对各项抗旱性相关的解剖结构指标的测量值进行单因素多重比较，求得不同植株间各指标两两差异显著与不显著次数。剔除灵敏度不高的相关指标。

（3）实生苗后代抗旱性的评价

应用隶属函数法，以筛选出的密切相关的解剖结构指标对 6 株实生苗后代的抗旱性做出综合评价。

5.4.3　结果与分析

5.4.3.1　染色体核型分析

（1）1 号材料

1 号材料的染色体数目为 48 条。其中第 2、4、6、8、10、11、12、13、14、16、17、18、

19、20、21、22、23、24 对为中部着丝粒染色体，第 1、3、5、7、9、15 对染色体为近中部着丝粒染色体，第 1 对染色体携带随体。全组染色体臂比（长臂/短臂）为 1.03~2.92，染色体长度比（最长染色体/最短染色体）为 2.29，臂比大于 2 的染色体占全组染色体的 20.83%，按照 Stebbins 的核型分类标准属于 2B 核型。核型公式为：$2n=4x=34m+12sm (2SAT)+2T$。

（2）2 号材料

2 号材料的染色体数目为 48 条。其中第 1、3、4、6、7、8、9、12、13、15、16、19、20、22、23、24 对为中部着丝粒染色体，第 2、5、10、17、18 对染色体为近中部着丝粒染色体，第 11、14 对为近端部着丝粒染色体，第 21 对为端部着丝粒染色体，第 1、5 对染色体携带随体。全组染色体臂比为 1.05~5.81，染色体长度比为 3.52，臂比大于 2 的染色体占全组染色体的 29.12%。根据 Stebbins 的核型分类标准属于 2B 核型。核型公式为：$2n=4x=48=32m(2SAT)+10sm(2SAT)+4st+2T$。

（3）3 号材料

3 号材料的染色体数目为 48 条。其中第 1、3、5、6、7、8、10、11、12、13、14、15、17、18、20、21、22、23 对染色体为中部着丝粒染色体，第 2、4、9、16、24 对为近中部着丝粒染色体，第 19 对为端部着丝粒染色体，第 1 对染色体携带随体。全组染色体臂比为 1.22~2.36，染色体长度比为 2.11，臂比大于 2 的染色体占全组染色体的 4.17%。根据 Stebbins 的核型分类标准属于 2B 核型。核型公式为：$2n=4x=48=36m(2SAT)+10sm+2T$。

（4）4 号材料

4 号材料的染色体数目为 48 条。其中第 1、3、5、6、7、8、9、11、12、13、14、16、19、21、23 对为中部着丝粒染色体，第 4、15、17、18、20、24 对为近中部着丝粒染色体，第 2、10、22 对为近端部着丝粒染色体，第 1 和 8 对染色体携带随体。全组染色体臂比为 1.03~5.39，染色体长度比为 3.87，臂比大于 2 的染色体占全组染色体的 33.33%。根据 Stebbins 的核型分类标准属于 2B 核型。核型公式为：$2n=4x=48=30m(4SAT)+12sm+6st$。

（5）5 号材料

5 号材料的染色体数目为 24 条。第 2、3、4、6、7、8、9、10、11、12 对为中部着丝粒染色体，第 1 和 5 对为近中部着丝粒染色体，第 1 对染色体携带随体。全组染色体臂比为 1.10~2.01，染色体长度比为 2.86，臂比大于 2 的染色体占全组染色体的 8.33%。根据 Stebbins 的核型分类标准属于 2B 核型。核型公式为：$2n=2x=24=20m+4sm(2SAT)$。

（6）6 号材料

6 号材料的染色体数目为 24 条。第 2、3、5、7、8、10、11、12 对为中部着丝粒染色体，第 1、4、6 对为近中部着丝粒染色体，第 9 对为近端部着丝粒染色体，第 1 对染色体携带随体。全组染色体臂比为 1.02~3.16，染色体长度比为 2.04，臂比大于 2 的染色体占全组染色体的 12.5%。根据 Stebbins 的核型分类标准属于 2B 核型。核型公式为：$2n=2x=24=16m(2SAT)+6sm+2st$。

（7）亲本'达柔'

'达柔'的染色体数目为24条。第2、3、4、5、6、7、8、10、11对为中部着丝粒染色体，第1、9、12对为近中部着丝粒染色体，第1对染色体携带随体。全组染色体臂比为1.04～2.14，染色体长度比为2.16，臂比大于2的染色体占全组染色体的8.33%。根据Stebbins的核型分类标准属于2B核型。核型公式为：$2n=2x=24=18m(2SAT)+6sm$。

（8）亲本'蓝丰'

'蓝丰'的染色体数目为48条。第1、2、3、5、6、8、9、10、11、12、13、15、16、17、18、19、20、21、22、23、24对为中部着丝粒染色体，第4、7对为近中部着丝粒染色体，第14对为近端部着丝粒染色体，第1和19对染色体携带随体。全组染色体臂比为1.02～3.63，染色体长度比为2.07，臂比大于2的染色体占全组染色体的4.17%。根据Stebbins的核型分类标准属于2B核型。核型公式为：$2n=4x=48=42m(4SAT)+4sm+2st$。

（9）亲本'圆蓝'

'圆蓝'的染色体数目为72条。第1、2、3、4、5、6、7、8、9、10、11、12、16、17、18、19、21、28、30、33对为中部着丝粒染色体，第15、20、22、23、24、25、26、31、32、34、36对为近中部着丝粒染色体，第13、14、27、29对为近端部着丝粒染色体，第35对为端部着丝粒染色体，第17对染色体携带随体。全组染色体臂比为1.11～5.00，染色体长度比为3.01，臂比大于2的染色体占全组染色体的36.11%。根据Stebbins的核型分类标准属于2B核型。核型公式为：$2n=6x=72=40m(2SAT)+22sm+8st+2t$。

每种生物体的体细胞都有一定数目的染色体，并且各个物种的染色体都各有特定的形态特征（吴林等，2002）。它们是不同物种基因组最简单明了的形象体现。

由核型分析结果可知，所有实验材料均为2B核型。材料5号、6号和亲本'达柔'为二倍体，1号、2号、3号、4号和亲本'蓝丰'均为异源四倍体，亲本'圆蓝'为异源六倍体。所测得的染色体实际长度多数在2μm左右，属于小染色体。除亲本'圆蓝'外，所有材料1号染色体均具有随体，这一特征相对稳定和显著。可推断出1号、2号、3号、4号为'蓝丰'的后代，5号、6号为'达柔'的后代。

生物的染色体依靠在每次细胞分裂时准确的自我复制来保证其形态、结构和数目的稳定。然而，稳定只是相对的，变异则是绝对的。在自然条件下，营养、温度、生理等异常的变化都有可能使染色体折断为分开的片段从而发生结构上的变异。本试验所分析的6株实生苗材料的染色体核型分析结果同他们的亲本略有不同。一方面可能是因为这些实生苗和亲本的生长环境不同，而且在生长过程中被施用了少量化学药剂而使得部分染色体发生了结构上的变异；另一方面可能是在制片过程中由于浓缩过度或施加重压而发生了染色体的断裂，但总体上讲并未发生染色体数量上的变异。

5.4.3.2 运用结构植物学方法评价6株蓝莓实生苗的抗旱性

（1）与抗旱性相关的解剖结构指标的测量与计算

6株蓝莓实生苗叶片厚度为207.14～279.73μm，按叶片厚度从大到小排列为：5号＞

4 号＞1 号＞2 号＞3 号＞6 号。组间差异极显著（$P<0.01$）。

6 株蓝莓实生苗叶片主脉直径为 420.79～575.31μm，从大到小排列为：5 号＞3 号＞6 号＞1 号＞2 号＞4 号。组间差异极显著（$P<0.01$）。

6 株蓝莓实生苗叶片上表皮均为单层细胞，形状扁平或扁圆，其上被有角质层。上表皮厚度为 15.41～21.50μm，从大到小排列为：5 号＞3 号＞2 号＞1 号＞6 号＞4 号。组间差异不显著。

6 株蓝莓实生苗叶片上表皮角质层厚度为 2.60～4.36μm，上表皮角质层厚度由大到小为：4 号＞5 号＞3 号＞6 号＞2 号＞1 号。组间差异显著（$P<0.05$）。

6 株蓝莓实生苗叶片栅栏组织由 1～2 层排列整齐的圆柱形细胞构成，厚度为 86.70～106.72μm，从大到小排列为：3 号＞5 号＞4 号＞6 号＞2 号＞1 号。组间差异极显著（$P<0.01$）。

6 株蓝莓实生苗叶片海绵组织厚度为 89.58～161.94μm，按叶片厚度从大到小排列为：5 号＞4 号＞1 号＞2 号＞6 号＞3 号。组间差异极显著（$P<0.01$）。

6 株蓝莓实生苗叶片组织结构紧密度（CTR 值）为 0.37～0.49，从大到小排列为：3 号＞6 号＞2 号＞4 号＞1 号＞5 号。组间差异极显著（$P<0.01$）。

6 株蓝莓实生苗叶片栅海比为 0.65～1.21，从大到小排列为：3 号＞6 号＞2 号＞1 号＞4 号＞5 号。组间差异极显著（$P<0.01$）。

6 株蓝莓实生苗叶片气孔密度为 137.71～261.65 个/mm²，从大到小排列为：4 号＞2 号＞3 号＞6 号＞1 号＞5 号。组间差异极显著（$P<0.01$）。

（2）与抗旱性相关的叶片结构指标筛选

与抗旱性相关的各项结构指标在反映单因素的总体差异程度上会有所不同。分别对各项指标进行多重比较可进一步说明 6 株实生苗之间在这 9 项解剖结构指标上的差异程度。若某指标多重比较差异显著次数多，则说明该指标的灵敏度高。各指标的灵敏程度依次为：叶片厚度、主脉直径＞气孔密度＞上表皮厚度＞栅海比、海绵组织厚度＞CTR 值＞栅栏组织厚度＞上表皮角质层厚度。

植物的生境直接影响其营养器官的内部结构。叶片的显微解剖结构最能反映植物对环境的适应特征，但选入过多的相关指标，容易产生认识上的偏差，不利于抗旱性的评价。根据独立性和可比性原则，结合多重比较结果，本试验选用叶片厚度、主脉直径、气孔密度和上表皮厚度 4 项定量指标对 6 株实生苗进行抗旱能力的比较。

（3）实生苗后代抗旱能力的评价结果

6 株实生苗 4 项与抗旱性相关的解剖结构指标的隶属函数值及其累加值见表 5-37。由隶属函数分析结果可知，6 株实生苗的抗旱能力为：5 号＞6 号＞4 号＞3 号＞2 号＞1 号。

表 5-37　6 株蓝莓实生苗 4 项结构指标的隶属函数分析及抗旱能力评价

编号	叶厚	主脉直径	上表皮厚度	气孔密度	累加值	抗旱性排序
1	0.35	0.48	0.08	0.92	2.83	6
2	0.17	0.37	0.06	0.35	2.95	5
3	0.15	0.74	0.12	0.56	4.57	4
4	0.81	0	0	0	4.81	3
5	1	1	0.16	1	8.16	1
6	0	0.48	0.08	0.65	7.21	2

5.4.4　结论与讨论

1）通过对蓝莓实生苗后代群体的田间观察，筛选出了 6 株次年便可开花结实的蓝莓幼苗，选择这 6 株材料进行染色体的核型分析和抗旱能力的评价。

2）通过不同条件的系统比较，本试验找到了适合蓝莓中期染色体的制片方法，流程如下：

抽芽阶段取旺盛生长的茎尖→混合处理液（0.1%秋水仙素：0.002mol/L 8-羟基喹啉=1：1）预处理 3h→0.075mol/L KCl 溶液低渗处理 30min→固定液Ⅱ（95%乙醇：冰醋酸：三氯甲烷=5：3：2）浸泡材料 2～24h→26～28℃条件下混合酶液（5%果胶酶：5%纤维素酶=1：1）解离 4h→去离子水浸泡材料 10～20min→固定液Ⅰ（甲醇：冰醋酸=3：1）处理 0.5～1h 之后敲片→Giemsa 染液染色 15min→镜检观察。

3）核型分析结果表明：所有实验材料均为 2B 核型。材料 5 号、6 号和亲本'达柔'为二倍体，1 号、2 号、3 号、4 号和亲本'蓝丰'均为异源四倍体，亲本'圆蓝'为异源六倍体。材料 1 号、2 号、3 号、4 号为'蓝丰'的后代，5 号、6 号为'达柔'的后代。6 株实生苗后代未发生染色体数量的变异。

4）通过对 9 项与抗旱性相关的叶片解剖结构指标的单因素多重比较，选定 4 项灵敏度最高的指标进行隶属函数分析，分别为叶片厚度、主脉直径、上表皮厚度和气孔密度。

5）根据隶属函数分析结果，6 株蓝莓实生苗的抗旱能力依次为：5 号＞6 号＞4 号＞3 号＞2 号＞1 号。

本试验中对 3 种亲本材料的核型分析结果与前人有所不同（王瑞芳，2008）。这很可能是所使用的实验器材和药剂的不同所造成的。就染色体制片而言，各种处理方式对染色体的影响不完全相同。不同的处理液会使染色体因缩小程度不同而造成绝对长度的差异。同时，由于染色体不同部位的物质组成不同，不同的处理会使染色体不同部位按照不同比例缩小进而造成染色体臂比的不同。如果将各种取材部位、预处理试剂及时间、解离试剂及时间、染色方法等进行随机组合，则有多种不同的制片方法，因此所得出的核型分析结果也会有所差异。

另外，水资源缺乏目前已成为全球性问题，重庆地区夏季也常高温伏旱。干旱严重影响植物的生长发育，造成树木和作物减产。为了给重庆地区蓝莓育种研究提供基础数据，我们认为对蓝莓实生苗的抗旱能力进行评价是必要的。隶属函数法为我们提供了一条在多指标测定基础上对材料特性进行综合分析的途径，将它应用于蓝莓实生苗的抗旱能力评价，可大大提高评价结果的可靠性。但植物的抗旱性是其在干旱环境中生长、繁殖与生存的能力，也是在干旱解除后迅速恢复生长的能力。这种能力是一种复合性状，是植物形态解剖、水分生理生态特征、生化反应、组织细胞光合器官乃至原生质结构特点的综合反应（户连荣和郎南军，2008）。因此，我们将结合形态指标、生理生化和分子标记等技术继续进行探索。

5.5　蓝莓变异株的鉴定

多倍体植株的鉴定是多倍体育种过程中的重要环节。植株经人工诱导后并非所有的细胞染色体都发生了加倍，而是形成了嵌合体（Quesenberry et al.，2010）。如何高效快速地检测出变异株及变异程度成了多倍体检测的重要问题。目前国内外主要采用的多倍体鉴定方法有形态学鉴定、细胞学鉴定、流式细胞术、分子水平鉴定、生理指标检测等方法（Lyrene et al.，2003）。

从 20 世纪 20 年代开始，生物学家就对多倍体进行了大量研究，由于技术水平的限制，研究内容仅停留在外部形态观察、生理指标记录检测上（Blair et al.，1999）。至 20 世纪 60 年代，随着实验技术的进步，研究从形态学转向了细胞学。80 年代后，随着分子生物学技术的发展，植物多倍体研究已成为建立在生物学多个分支学科基础上的高度综合研究（Paya-Milans et al.，2018）。美国最早将随机扩增多态性 DNA（RAPD）等分子标记技术应用于蓝莓的研究中；Garriga 等（2013）利用简单重复序列间区（ISSR）与简单重复序列（SSR）技术对'蓝丰''薄雾''奥尼尔'等多个蓝莓品种进行分析，经过对比两种技术发现，ISSR 比 SSR 的稳定性、灵敏度更高，更适合于蓝莓种质资源的鉴定；Carvalh 等（2014）运用 RAPD 和 ISSR 技术对 10 份高丛蓝莓材料进行遗传多样性分析，发现两种分子标记技术的多态性均较高，对蓝莓的聚类分析较为一致；Gawronski 等（2017）通过 RAPD 和 ISSR 技术对 19 个蓝莓品种进行分析，两种分子标记结果均表现出很高的多态性，19 个品种在两种分类方式下的相似性系数较为接近，分别为 0.58 和 0.60。

研究证实，植物多倍化后部分基因会发生重复现象，这是基因进化、选择、突变的有利资源，大量序列的丢失和插入为植物的进化提供了多种选择（Ancrio et al.，2016）。目前有关蓝莓变异株的遗传多样性的研究报道较少（Michalecka et al.，2017）。本实验室持续多年利用秋水仙素诱变高丛蓝莓不同品种组培苗，陆续得到了一系列不同表型的变异株。在诱变初期虽已对变异株的形态学及细胞学进行了分析鉴定，但在田间栽培过程中，观察到变异株出现了部分新的表型特征。鉴于此，研究后期运用 ISSR 分子标记技术在 DNA 水平对变异株进行分析，并结合形态学、细胞学检测方法准确鉴定变异株在遗传物质、解剖结构、染色体数目上的差异。

5.5.1　变异材料的筛选

本试验所选用蓝莓品种'V3'及'Legacy'（均为二倍体）和其变异株均取自西南大学园艺园林学院园林植物育种与栽培实验室。'V3'的组培苗经秋水仙素离体诱变后移栽田间 3 年并经初步鉴定筛选出表型变异明显的 3 株变异株 A1、A2、A3；'Legacy'的组培苗经秋水仙素离体诱变后，得到表现不同特征的两类变异株 L1、L2 组培苗，且部分已移栽田间栽培 1 年（表 5-38）。

表 5-38　供试材料及形态学特征

品种名称	编号	变异类型
V3	A1	多倍体巨大型
V3	A2	多倍体巨大型
V3	A3	多倍体巨大型
Legacy	L1	多倍体巨大型
Legacy	L2	分枝能力增强型

5.5.2　试验方法

5.5.2.1　形态学特征的测量与统计

'V3'变异株形态特征的测量方法：因三年生蓝莓苗为丛生灌木状，在同一生长阶段，每株选择 10 个较为粗壮的枝条测量茎直径，测量点为距枝条基部 5cm 处；再测量这 10 个枝条距顶端第 4 或 5 片成熟叶片的叶长及叶中部宽度、叶厚；植株高度为 10 个较为粗壮分枝的平均值；叶形指数=叶长/叶宽。

'Legacy'变异株形态特征的测量方法：选取长势相同的变异株与对照株 1 年生田间苗，分别用游标卡尺测量茎直径、叶长、叶宽。茎直径测量部位为距主枝基部 5cm 处，选取植株顶端第 4 或 5 片成熟叶片测量叶长及叶宽。因 1 年生蓝莓主侧枝数量较少，故高度为所有分枝高度的平均值。统计植株分枝数并用 SPSS19.0 软件进行差异显著性分析（Mulumba，2008；Diogo et al.，2010）。

5.5.2.2　变异株生理指标检测

可溶性糖含量测定：蒽酮法。
叶绿体含量测定：丙酮乙醇混合液法。
丙二醛含量测定：硫代巴比妥酸法。

5.5.2.3　变异株染色体计数

采用去壁低渗-火焰干燥法制备染色体装片。

5.5.2.4　变异株的 ISSR 分子鉴定

供试蓝莓资源共 21 份，均由作者实验室长期栽培保存（表 5-39）。21 份材料包含了

第 3 章中蓝莓品种'V3'及'Legacy'经秋水仙素诱变后的变异株材料及作者实验室长期栽培保存的品种。其中 B1、B2、B3 为品种'南好'筛选出的表型变异的三棵植株。南高丛蓝莓品种'南好'引入重庆栽培多年，植株生长情况良好。通常'南好'品种的枝条较为柔软纤细，在结果后枝条下垂呈匍匐状。B1、B2、B3 三棵变异株在田间栽培过程中枝条较正常的更为坚韧，即使结果后枝条仍保持向上趋势，在生产中此类型变异有利于果实的采摘。a1、a2、a3 为'V3'变异株 A1、A2、A3 枝条分别作外植体的组培苗，每个类型随机选取 5～10 瓶提取 DNA。ISSR-PCR 的 *Taq* 酶、dNTPs、Mg^{2+} 均购于试剂公司，ISSR 引物根据加拿大哥伦比亚大学公布的序列设计，由相关公司合成。

表 5-39　用于 ISSR 分析的蓝莓材料

序号	品种名称	分类	序号	品种名称	分类	序号	品种名称	分类
1	奥尼尔	南高丛	8	B2（南好）	变异株	15	a2（V3）	南高丛
2	薄雾	南高丛	9	B3（南好）	变异株	16	a3（V3）	南高丛
3	V3	南高丛	10	Legacy	南高丛	17	达柔	北高丛
4	南好	南高丛	11	L1	变异株	18	A1（V3）	变异株
5	夏普蓝	南高丛	12	L2	变异株	19	A2（V3）	变异株
6	蓝丰	北高丛	13	蓝线	北高丛	20	A3（V3）	变异株
7	B1（南好）	变异株	14	a1（V3）	南高丛	21	布里吉塔	北高丛

（1）蓝莓基因组 DNA 提取

试验试剂：十六烷基三甲基溴化铵（CTAB）、巯基乙醇、聚乙烯基吡咯烷酮（PVP）、氯仿、异戊醇、乙酸钾、无水乙醇、75%乙醇、RNase（10mg/ml）等。

提取步骤：蓝莓基因组提取参考张鲁杰等（2008）的方法并结合实际情况进行适当调整以获得高质量的 DNA。

（2）ISSR-PCR 体系优化

采用 $L_{16}(4^5)$ 正交设计表，选用蓝莓品种'薄雾'DNA 为模板、引物 UBC835 进行试验，每个处理重复 2 次。各处理总体积为 20μl，均加入 2μl 10×buffer（无 Mg^{2+}），不足的体积用超纯水补足（表 5-40）。

表 5-40　PCR 体系优化正交试验表 [$L_{16}(4^5)$]

处理	*Taq* 酶（U）	Mg^{2+}（mmol/L）	模板 DNA（ng）	dNTPs（mmol/L）	引物（μmol/L）
1	0.5	0.625	20	0.1	0.1
2	0.5	1.250	40	0.2	0.2
3	0.5	1.875	60	0.3	0.3
4	0.5	2.500	80	0.4	0.4
5	0.75	0.625	40	0.3	0.4
6	0.75	1.250	20	0.4	0.3

续表

处理	Taq 酶（U）	Mg^{2+}（mmol/L）	模板 DNA（ng）	dNTPs（mmol/L）	引物（μmol/L）
7	0.75	1.875	80	0.1	0.2
8	0.75	2.500	60	0.2	0.1
9	1	0.625	60	0.4	0.2
10	1	1.250	80	0.3	0.1
11	1	1.875	20	0.2	0.4
12	1	2.500	40	0.1	0.3
13	1.25	0.625	80	0.2	0.3
14	1.25	1.250	60	0.1	0.4
15	1.25	1.875	40	0.4	0.1
16	1.25	2.500	20	0.3	0.2

（3）PCR 的条件及电泳成像

PCR 在 Eppendorf Mastercycle 上进行，扩增程序：94℃ 5min；94℃ 1min，53～56℃ 45s，72℃ 1min，35 循环；72℃ 延伸 10min，4℃ 保存。扩增产物用 1.5% 琼脂糖凝胶电泳 70min 检测。在凝胶成像系统上拍照，用 Quantity One 4.3.1 软件分析（An et al.，2015；Goyali et al.，2018）。

（4）退火温度的确定

根据正交试验结果，选择最佳组合进行退火温度梯度试验。梯度设置以引物 T_m 值为基准上下浮动 1～2℃，于 Eppendorf Mastercycle 梯度 PCR 仪上进行。

（5）蓝莓变异株 ISSR 分子标记及聚类

利用优化的体系对 70 对引物进行筛选，选出多态性高、反应稳定、条带清晰的引物用于 PCR 扩增。电泳结果采用 0/1 赋值，强带记为 1，弱带反复出现记为 1，弱带出现但不重复记为 0，无带记为 0（韦荣昌等，2012）。数据用 NTSYS-2.10e 软件进行聚类分析。

5.5.3 结果与分析

5.5.3.1 变异株的形态学与解剖结构鉴定

（1）'V3' 变异株形态特征分析

'V3' 经秋水仙素诱变后出现多倍体特征，初期经作者实验室鉴定，四倍体细胞占 70%（李宏平，2013）。经过三年田间栽培，变异株与对照相比长势更旺，株型高大，且叶片增大、叶色加深、叶缘形态不规则。经统计分析，三棵变异株平均高度为对照的 110%，茎直径为对照的 132%，叶长、叶宽分别为对照的 144%、137%，与对照相比出现显著差异（图 5-42），但三年生变异株的果实较小，并未如预期一样得到增大的果实，坐果率也下降。

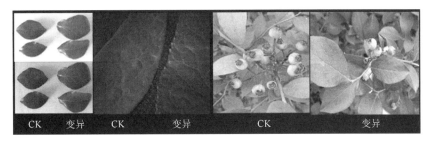

图 5-42　'V3'变异株形态学观察

（2）'Legacy'变异株形态特征分析

'Legacy'变异株根据表型特征分为 L1、L2 两种类型。经秋水仙素离体诱导后，L1 变异株表现多倍体的特性：叶片明显增大，表皮毛增多，茎秆增粗、发红（图 5-43），长势缓慢。经本实验室鉴定，诱变初期为二倍体细胞与四倍体细胞混合生长的嵌合体（李雪松，2015）。将组培苗炼苗移栽田间 1 年后，对其性状继续观察发现仍有部分变异株表现为多倍体特性，L1 变异株茎直径、叶长、叶宽与对照相比分别增加了 40%、56%、52%，存在显著差异。

L2 变异株为'Legacy'经 0.05%秋水仙素离体处理 24h 后出现的分枝能力显著增强的类型，诱变后的组培苗在继代 10 次后仍有部分植株保持此性状（图 5-44），且发现组培苗的株高在分枝量增大后有明显降低的趋势，愈伤组织约增大为对照的 1.5 倍，继代系数增加为对照的 1.7 倍。将其移栽田间 1 年后发现移栽苗同样表现出分枝量增大而且株高降低的现象。变异株的株高相比对照下降了 32.5%，分枝量增加了 194.4%，为极显著差异，叶长和叶宽分别增加了 34%和 38%，呈显著差异。变异株叶片和分枝量性状能否保持还需继续观察。

图 5-43　L1 变异株形态对比

A. 组培瓶苗；B. 组培生根苗

图 5-44　L2 变异株形态对比

A. 组培瓶苗；B. 组培生根苗

（3）变异株气孔特征分析

经统计分析，'V3'变异株 A1、A2、A3 与对照相比，其气孔形态差异不显著，但在 10×40 倍镜下视野里平均气孔数目下降了 20.5%，气孔保卫细胞叶绿体个数增加了 14.6%，为显著差异（图 5-45）。'Legacy'变异株 L1 类型与对照相比，气孔保卫细胞平均长度增加了 16.7%，平均宽度增加了 18.4%，气孔密度下降了 11.6%，保卫细胞叶绿体数增加了 35.6%，与'Legacy'和 L2 类型都具有显著差异；而 L2 类型与对照在气孔形态及密度上无显著差异，但保卫细胞叶绿体数增加了 24.6%，与对照相比差异显著。

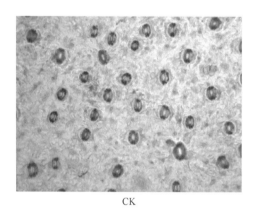
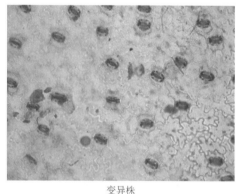

CK　　　　　　　　　　　　　　　变异株

图 5-45　'V3'变异株的气孔形态（10×40）

（4）变异株叶片解剖结构分析

'V3'变异株叶片横切结构的主脉直径、上表皮厚度、栅栏组织厚度、海绵组织厚度与对照存在显著差异，分别为对照的 130%、123%、142%、132%，叶片组织结构紧密度和栅海比差异不显著。对 L1、L2 变异株叶片横切发现,变异株的主脉直径、上表皮厚度、栅栏组织厚度、海绵组织厚度与对照存在显著差异,分别为对照的 133%、129%、153%、140%;叶片组织结构紧密度与对照在 5%水平上存在差异,栅海比明显高于对照。这表明'Legacy'变异株的抗旱能力可能有所增强。

5.5.3.2　变异株染色体鉴定

　　结果显示,'V3'对照株的染色体数目为 $2n=2x=24$(图 5-46),'V3'变异株 A1、A2、A3 均检测到四倍体细胞($2n=4x=48$)(图 5-47)和二倍体细胞($2n=2x=24$)共同存在,为嵌合体。统计 30 个视野的细胞分裂象,四倍体细胞比例约为 45.52%。

　　'Legacy'变异株 L1 经染色体计数发现,四倍体细胞($2n=4x=48$)和二倍体细胞($2n=2x=24$)共同存在,为嵌合体。统计 30 个视野的细胞分裂象,四倍体细胞比例约为 38.62%,与李雪松在 L1 诱变初期鉴定的结果(49.06%)相比呈下降趋势。L2 变异株经镜检发现染色体数目为 $2n=2x=24$,未发现四倍体细胞,与李雪松在'Legacy'诱变初期对 L2 变异株的检验结果一致,均未发现其有染色体数目的改变。

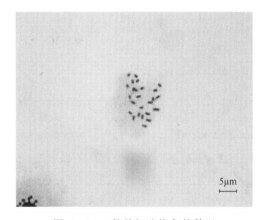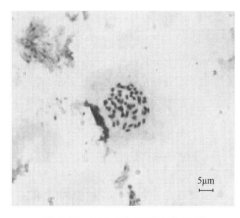

　　　图 5-46　二倍体细胞染色体数目　　　　　　　图 5-47　四倍体细胞染色体数目

5.5.3.3　变异株生理指标鉴定

　　叶绿素含量:'V3'变异株增加了 38.2%～46.7%,'Legacy'变异株 L1、L2 分别增加了 56.5%、44.3%,说明变异株的光合作用显著强于对照,变异株叶色加深与叶绿素含量的显著增加有关。可溶性糖:'V3'变异株增加了 14.7%～16.9%,L1、L2 分别增加了 38.6%、63.5%。脯氨酸含量:'V3'变异株增加了 14.3%～17.7%,L1、L2 分别增加了 21.4%、33.2%。丙二醛含量:'V3'变异株下降了 28.3%～36.4%,L1、L2 分别下降了 53.2%、55.2%,表明变异株抗逆性较对照有增强,特别是'Legacy'变异株,其生理指标与对照呈极显著差异。变异株的抗逆性增强的程度,还有待在逆境胁迫下进行深入研究。

5.5.3.4　变异株 ISSR 分子鉴定

（1）用改良 CTAB 法对蓝莓 DNA 提取效果的分析

对蓝莓 DNA 提取方法进行适当改进后发现，获得的 DNA 质量较好，纯度高，主带清晰，无拖带，杂质去除彻底（图 5-48），经紫外分光光度计检测 A_{260}/A_{280} 为 1.8～2.0，适合作 ISSR-PCR 扩增模板。

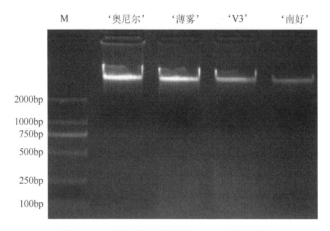

图 5-48　部分材料基因组 DNA 电泳检测

（2）蓝莓 ISSR-PCR 体系优化分析

1）PCR 正交设计直观与方差分析。正交试验产物电泳结果见图 5-49，16 个组合除第 1、5、9、13 组合外均能扩出条带，参照何正文等（1998）的方法对各组合打分，条带丰富、清晰且稳定的记 16 分，最差的记 1 分，两次重复单独记分。根据打分求出每一因素同一水平下的均值 K_i，并求出同一因素不同水平下平均值的极差 R，见表 5-41。为了进一步确认第

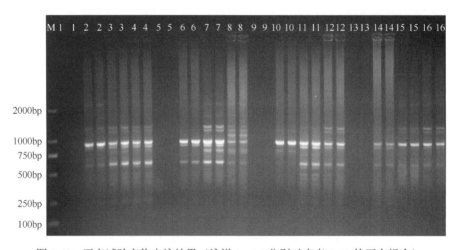

图 5-49　正交试验产物电泳结果（泳道 1～16 分别对应表 5-40 的正交组合）

7 组是否为最优组合，进行方差分析和因素内多重比较分析。经 SPSS17.0 软件方差分析和多重比较分析发现，Taq 酶、Mg^{2+}、DNA、dNTPs、引物的 P 值均小于 0.01。

表 5-41　正交设计直观分析

结果	Taq 酶（U）	Mg^{2+}（mmol/L）	模板 DNA（ng）	dNTPs（mmol/L）	引物（μmol/L）
k_1	9.000	1.000	4.875	6.125	2.875
k_2	6.250	5.000	5.000	5.000	7.875
k_3	4.375	9.750	4.625	5.750	6.250
k_4	3.250	7.125	8.375	6.000	5.875
R	5.750	8.750	3.750	1.125	5.000

多重分析结果表明，在 20μl 体系中，Mg^{2+} 的 4 个水平是影响 PCR 结果的重要因素之一，综合以上正交试验的直观分析和方差分析得出蓝莓 ISSR-PCR（20μl）体系中各组分的最佳浓度为：Taq 酶 0.75U；Mg^{2+} 1.875mmol/L；DNA 80ng；dNTPs 0.1mmol/L；引物 0.2μmol/L（表 5-42）。这与正交组合中得分最高的 7 组合（Taq 酶 0.5U）相比，除 Taq 酶浓度不同外，其余均相同。

表 5-42　蓝莓 ISSR-PCR（20μl）正交试验最佳体系

因素	终浓度或量	因素	终浓度或量	因素	终浓度或量
Taq 酶	0.75U	dNTPs	0.1mmol/L	DNA	80ng
Mg^{2+}	1.875mmol/L	引物	0.2μmol/L		

2）不同退火温度对蓝莓 ISSR-PCR 体系的影响。以蓝莓品种'薄雾'为材料，根据正交试验结果进行引物 UBC835 退火温度梯度试验。由图 5-50 可知，退火温度较低时，扩增条带弱，背景模糊，随着温度的提高，条带逐渐清晰。由于 ISSR 引物较长，可适当提高退火温度以提高扩增产物的特异性，因此选择 54.2℃作为 UBC835 的最佳退火温度。

3）循环次数和延伸时间对蓝莓 ISSR-PCR 扩增的影响。ISSR-PCR 的循环次数对扩增效果具有重要影响。由图 5-51 可知，当循环次数为 25 和 30 时，扩增条带较少而暗，当循环次数为 35 和 40 时扩增条带清晰，亮度高，当循环次数为 45 时，条带弥散并出现杂带干扰，因此选择 35 次为蓝莓 ISSR-PCR 扩增的最佳循环次数。

延伸时间一般为（0.5～1）min×待扩增片段长度。参照郑姗等（2014）的延伸时间，设置 30s、60s、90s、120s 4 个梯度，在 60s 时获得最佳扩增效果，因此本试验选择延伸时间为 60s。

4）最佳反应体系和反应程序的验证。用筛选获得的体系和程序并随机选取引物 UBC807 对 21 份蓝莓资源进行 ISSR-PCR 扩增，结果如图 5-52 所示。扩增条带清晰、多态性高，说明该反应体系和程序稳定，适合蓝莓的 ISSR 反应。

5）21 份蓝莓材料 ISSR 扩增多态性。从 70 个引物中筛选出 10 个条带清晰、信号强的引物（表 5-43）。10 个引物在 21 份样品中共扩增出 95 条带，其中多态性带 90 条，多态位点百分率为 94.70%。10 个引物扩增带数为 7～11，其中引物 UBC811、UBC827、UBC835、UBC860、UBC873、UBC890 的多态位点百分率达 100%，引物 UBC857 的多态位点百分率最低，为 77.80%。扩增片段大小集中在 250～1000bp。

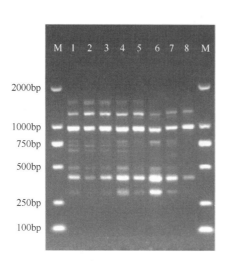

图 5-50　退火温度对 ISSR-PCR 扩增的影响
（1～8 泳道退火温度分别为 56℃、55.7℃、
55.2℃、54.2℃、53℃、52℃、51.3℃、51℃）

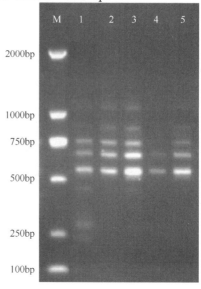

图 5-51　循环次数对 ISSR-PCR 扩增的影响
（1～5 泳道循环次数依次为 45、40、35、30、25）

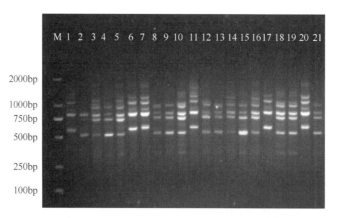

图 5-52　UBC807 对 21 份蓝 莓材料的扩增情况（泳道序号与表 5-39 一致）

表 5-43　10 个具有多态性的 ISSR 引物

引物	序列（5′-3′）	总位点数	多态位点数	多态位点百分率（%）
UBC807	（AG）8T	11	10	90.90
UBC811	（GA）8C	7	7	100
UBC827	（AC）8G	11	11	100
UBC835	（AG）8YC	7	7	100
UBC844	（CT）8RC	10	9	90
UBC857	（AC）8YG	9	7	77.80
UBC860	（TG）8RA	9	9	100

续表

引物	序列（5′-3′）	总位点数	多态位点数	多态位点百分率（%）
UBC866	（CTC）6	9	8	88.90
UBC873	（GACA）4	11	11	100
UBC890	VHV（GT）7	11	11	100
合计		95	90	94.70

注：Y=(C、T)，V=(A、G、C)，R=(A、G)，H=(A、C、T)。

6）变异株的多态性分析。由表 5-44 可知，3 个品种的变异株均表现出很高的多态性，且同一品种下的变异株的不同个体多态性稍有差别。与对照株相比，变异株在ISSR-PCR 扩增中的条带差异为缺失、新增、既缺失又新增 3 种类型（图 5-53～图 5-55）。3 个品种的变异株在形态学上出现的特殊性状表明，3 个品种的变异株均出现了遗传物质的变化。

表 5-44　变异株 ISSR 多态性统计

类型	'V3'			'南好'			'Legacy'	
	A1/CK	A2/CK	A3/CK	B1/CK	B2/CK	B3/CK	L1/CK	L2/CK
总位点数	52	62	58	62	56	58	54	56
共有位点数	19	24	22	19	22	21	23	25
多态位点数	33	38	36	43	34	37	31	31
多态位点百分率（%）	63.50	61.30	62.10	69.30	60.70	63.80	57.40	55.40

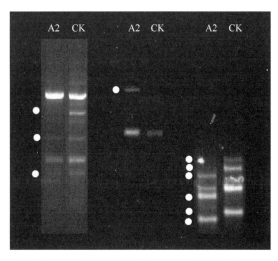

图 5-53　A2 变异株与对照（'V3'）的条带差异［红点（圆圈圈住的点）、绿点（方块圈住的点）分别指示新增、缺失带，下同］

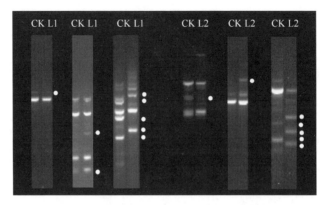

图 5-54　L1、L2 变异株与对照（'Legacy'）的条带差异（红点、绿点分别指示新增、缺失带）

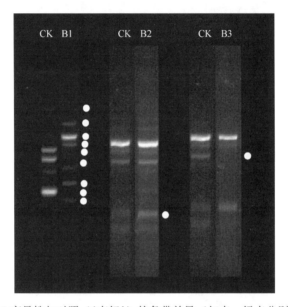

图 5-55　B1、B2、B3 变异株与对照（'南好'）的条带差异（红点、绿点分别指示新增、缺失带）

　　7）变异株遗传相似性分析。根据 ISSR 扩增条带计算遗传相似系数（表 5-45）。由表 5-45 可知，A1、A2、A3 变异株与对照'V3'之间的遗传相似系数分别为 0.800、0.711、0.722；L1、L2 变异株与对照'Legacy'之间的遗传相似系数分别为 0.800、0.767；B1、B2、B3 与对照'南好'之间的遗传相似系数分别为 0.633、0.589、0.578。分析结果表明：3 个品种的变异株在遗传组成上与对照相比均发生了一定变化。

表 5-45　变异材料遗传相似系数

品种编号	L2	A2	B3	A1	B2	L1	Legacy	A3	B1	V3	南好
L2	1.000										
A2	0.678	1.000									
B3	0.744	0.689	1.000								
A1	0.656	0.800	0.689	1.000							

续表

品种编号	L2	A2	B3	A1	B2	L1	Legacy	A3	B1	V3	南好
B2	0.711	0.767	0.833	0.789	1.000						
L1	0.744	0.578	0.600	0.578	0.567	1.000					
Legacy	0.767	0.556	0.556	0.667	0.544	0.800	1.000				
A3	0.644	0.744	0.678	0.811	0.711	0.633	0.700	1.000			
B1	0.689	0.767	0.722	0.744	0.778	0.567	0.567	0.644	1.000		
V3	0.656	0.711	0.733	0.800	0.744	0.644	0.644	0.722	0.722	1.000	
南好	0.522	0.644	0.578	0.756	0.589	0.556	0.578	0.656	0.633	0.756	1.000

8）UPGMA 聚类分析。采用非加权组平均法（UPGMA）对供试材料进行聚类分析得到树状分枝图（图 5-56）。21 个样品的遗传距离为 0.57～0.83，均值为 0.7。在遗传相似系数阈值 0.57 处材料分为两大类，即北高丛蓝莓品种聚为一类，变异材料与南高丛蓝莓品种聚为一类。在遗传相似系数 0.66 处，南高丛蓝莓材料被进一步分为 4 类，'Legacy' 与其变异株聚为一类，a2、a3 聚为一类，'夏普蓝' 单独聚为一类，'V3' 及其变异株与其他南高丛蓝莓材料聚为一类。从聚类图上可知，'Legacy' 变异株与对照亲缘关系较接近；'V3' 变异株（A1、A2、A3）与其相应组培苗（a1、a2、a3）和 '南好'（B1、B2、B3）之间聚类出现交叉，而品种 'V3' 与 '南好' 在形态等生物学特征上都较为相似，在聚类中归为一类，表明 'V3' 与 '南好' 之间的亲缘关系较其相应的变异株更为接近。同一品种的变异株在遗传距离上较为接近。

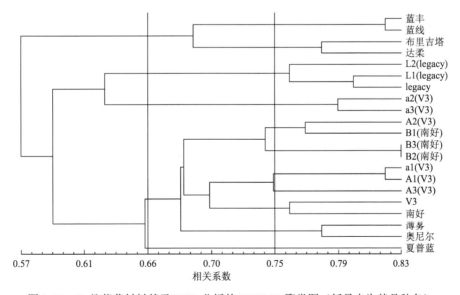

图 5-56　21 份蓝莓材料基于 ISSR 分析的 UPGMA 聚类图（括号内为其品种名）

（诱变研究由陈凌、郑文娟、张敏完成；加倍研究由石佳、李雪松、李宏平完成；实生后代鉴定由林晓露完成；变异株的鉴定和本章的整理由谌月完成）

参 考 文 献

白宝璋，汤菊香，李明军，2001. 植物生理学. 2 版. 北京：中国科学技术出版社：120.

蔡联炳，冯海生，1997. 披碱草属 3 个种的核型分析. 西北植物学报，2：238-241.

陈凌，张文玲，张敏，等，2010. 化学诱变剂 EMS 筛选越桔茎尖抗旱突变体的初步研究. 西南师范大学学报（自然科学版），35（3）：99-102.

陈学森，2004. 植物育种学实验. 北京：高等教育出版社：127-129.

高俊凤，2006. 植物生理学实验指导. 北京：高等教育出版社：5.

郝建军，康总理，于洋，2007. 植物生理学实验技术. 北京：化学工业出版社：68-72.

何科佳，曾斌，张力，等，2013. 我国蓝莓种质资源利用研究进展. 湖南农业科学，23：14-17.

何正文，刘运生，陈立华，等，1998. 正交设计直观分析法优化 PCR 条件. 湖南医科大学学报，23（4）：403-404.

户连荣，郎南军，2008. 植物抗旱性研究进展. 安徽农业科学，36（7）：2652-2654.

贾勇炯，曹有龙，林宏辉，等，1998. 高矮秆水稻品种的核型分析及 Giemsa 染色区的比较研究. 四川大学学报（自然科学版），5：115-119.

康向阳，张平冬，高鹏，等，2004. 秋水仙碱诱导白杨三倍体新途径的发现. 北京林业大学学报，（1）：1-4.

孔照胜，李贵全，岳爱琴，1999. 兵豆的核型分析. 山西农业大学学报，19（1）：63-64.

李合生，2000. 植物生理生化实验原理和技术. 北京：高等教育出版社：256.

李宏平，2013. 南高丛越桔（*Vaccinium australe*）品种 'V3' 四倍体诱导及鉴定. 重庆：西南大学硕士学位论文.

李丽敏，2011. 中国蓝莓产业发展研究. 长春：吉林农业大学博士学位论文.

李凌，陈林，2003. 越桔在重庆地区引种试验初报. 中国南方果树，（4）：80.

李凌，李政，2009-04-24. 一种越桔组织培养中的增殖培养基配方：中国，200910103673.9.

李懋学，陈瑞阳，1985. 关于植物核型分析的标准化问题. 武汉植物学研究，3（4）：291-302.

李懋学，张赞平，1996. 作物染色体及研究技术. 北京：中国农业出版社：1-60.

李晓艳，张志东，李亚东，等，2010. 秋水仙素诱导离体培养越橘多倍体研究. 东北农业大学学报，41（1）：38-42.

李雪松，2015. 越桔品种 'legacy' 四倍体诱导的初步研究. 重庆：西南大学硕士学位论文.

李政，黄静洁，李凌，2007. 秋水仙碱诱变绿玉树多倍体研究. 西南大学学报（自然科学版），29（2）：106-110.

梁国鲁，杨美全，阎勇川，1998. 麦冬核型分析. 西南农业大学学报，20（4）：307-310.

刘丽娟，李红梅，刘雪莲，2009. 不同处理方法对外植体消毒效果比较研究. 北方园艺，（10）：86-87.

隆有庆，傅华龙，苏静娟，2000. 春兰的核型分析. 四川大学学报（自然科学版），37（4）：578-581.

路贵和，安海润，1999. 作物抗旱性鉴定方法与指标研究进展. 山西农业科学，27（4）：39-43.

马琳娜，吴林，李亚东，等，2010. 越橘水分胁迫研究进展. 安徽农业科学，38（4）：1804-1806.

宋灿，刘少军，肖军，等，2012. 多倍体生物研究进展. 中国科学（生命科学），（3）：173-184.

王瑞芳，2008. 越桔染色体观察及核型研究. 西南大学学报，30（2）：119-123.

王涛，陈孟龙，刘玲，等，2015. 植物多倍体化中基因组和基因表达的变化. 植物学报，（4）：504-515.

王学奎，2006. 植物生理生化实验原理和技术. 北京：高等教育出版社：48.

韦荣昌，李虹，蒋建刚，等，2012. 多倍体无籽罗汉果及其亲本遗传背景的 ISSR 分析. 园艺学报，39（2）：387-394.

吴林，张志东，李亚东，2002. 半高丛和矮丛越桔品种引种栽培试验. 中国果树，（2）：27-29.

萧浪涛，王三根，2005. 植物生理学实验技术. 北京：中国农业出版社：152-153.

熊庆娥，2003. 植物生理学实验教程. 成都：四川科学技术出版社：551.

张贵友，2003. 普通遗传学实验指导. 北京：清华大学出版社：1-8.

张鲁杰，夏秀英，徐娜，等，2008. 高效提取越桔成熟组织基因组 DNA 的方法. 华北农学报，2（2）：58-65.

张敏，杨艳，康兆茹，等，2011. EMS 诱变南高丛越桔及抗旱突变体的筛选. 西南师范大学学报（自然科学版），36（3）：132-137.

赵东利，胡学军，徐红梅，1999. 海绿豆（*Phaseolus demissus*）的染色体核型分析初报. 北京农学院学报，20（4）：1-4.

郑姗，张立杰，谢丽雪，等，2014. 蓝莓品种 ISSR 指纹图谱构建的初步研究. 福建农业学报，29（12）：1198-1201.

郑文娟，2012. EMS 诱变北高丛越桔（*Vaccinium* L.）的初频研究. 重庆：西南大学硕士学位论文.

朱徽，1982. 植物染色体及染色体技术. 北京：科学出版社：43.

Alkhalf M I，Khalifa F K，2018. Blueberry extract attenuates gamma-radiation-induced hepatocyte damage by modulating oxidative stress and suppressing NF-kappa B in male rats. Saudi Journal of Biological Science，25（7）：1272-1277.

An D，Bykova N V，Debnath S C，2015. SCEST-PCR，EST-SSR and ISSR markers to identify a set of wild cranberries and evaluate their relationships. Canadian Journal of Plant Science，95（6）：1155-1165.

Ancrio A，Mangandi J，Verma S，2016. Identification of quantitative trait loci and molecular markers for resistance to colletotrichum crown rot in strawberry. Phytopathology，106（s2）：6.

Benson Erica E，2008. Cryopreservation of phytodiversity：A critical appraisal of theory practice. Critical Reviews in Plant Science，27（3）：141-219.

Blair M W，Panaud O，McCouch S R，1999. Inter-simple sequence repeat（ISSR）amplification for analysis of microsatellite motif frequency and fingerprinting in rice（*Oryza sativa* L.）.Thero Appl Genet，3（98）：780-792.

Borrero C，Castano R，Aviles M，2018. First report of *Pestalotiopsis clavispora*（*Neopestalotiopsis clavispora*）causing canker and twig dieback on blueberry bushes in Spain. Plant Disease，102（6）：1178.

Carvalh M，Matos M，Carnide V，2014. Fingerprinting of *Vaccinium corymbosum* cultivars using DNA of fruits. Horticultural Science，41（4）：175-184.

Coville F V，1910. Experiments in Blueberry Culture. Washington：Government Printing Officer：11.

Diogo E L F，Santos J M，Phillips A J L，2010. Phylogeny，morphology and pathogenicity of *Diaporthe* and *Phomopsis* species on almond in Portugal. Fungal Diversity，44（1）：107-115.

Galletta G J，Ballington J R，1996. Blueberries，cranberries and lingonberries. Fruit Breeding，（2）：101-107.

Garriga M，Pablo A，Caligari P D S，2013. Application of inter-simple sequence repeats relative to simple sequence repeats as a molecular marker system for indexing blueberry cultivars. Canadian Joural of Plant Science，93（5）：913-921.

Gawronski J，Kaczmarska E，Dyduch-Sieminska M，2017. Assesment of genetic diversity between *Vaccinium corymbosum* L. cultivars using RAPD and ISSR markers. Acta Scientiarum Polonorump-Hortorum Cultus，16（3）：129-140.

Gough R E，Korcak R F，1995. Blueberries-A Century of Research. New York：Food Products Press.

Goyali J C，Igamberdiev A U，Debnath S C，2018. DNA methylation in lowbush blueberry（*Vaccinium angustifolium* Ait.）propagated by softwood cutting and tissue culture. Canadian Journal of Plant Science，98（5）：1035-1044.

Hancock J F，2006. Northern highbush breeding. Acta Hort，45（715）：37-40.

Hancock J F，Edger P P，Callow P W，2018. Generating a unique germplasm base for the breeding of day-neutral strawberry cultivars. HortScience，53（7）：1069-1071.

Larco H，Strik B，Bryla D，2009. Establishing organic highbush blueberry production systems-the effect of raised beds，weed management，fertility，and cultivar. HortScience，44：1120-1121.

Lyrene P M，Percy J L，1982. Production and selection of blueberry polyploidy *in vitro* EJ3. The Journal of Heredity，（73）：377-378.

Lyrene P M，Vorsa N，Ballington J R，2003. Polyploidy and sexual polyploidization in the genus *Vaccinium*. Euphytica，133（1）：27-36.

Mainland C M，1998. Frederick Coville's pioneering contributions to blueberry culture and breeding. *In*：Cline W O，Ballington J R. Proceedings of the 8th North American Blueberry Research and Extension Workers Conference. Raleigh：North Carolina State University：74-79.

Michalecka M，Bryk H，Seliga P，2016. *Diaporthe vaccinii* Shear causing upright dieback and viscid rot of cranberry in Poland. European Journal of Plant Pathology，148（3）：595-605.

Michalecka M，Bryk H，Seliga P，2017. Identification and characterization of *Diaporthe vaccinii* Shear causing upright dieback and viscid rot of cranberry in Poland. European Journal of Plant Pathology，148（3）：595-605.

Moerman D E，1998. Native American Ethnobotany. Portland：Timber Press：927.

Mulumba L N，2008. Mulching effects on selected soil physical properties. Soil&Tillage Research，98：106-111.

Novablue J A R，2008. A seed-propagated lowbush blueberries family. HortScience，43（6）：1902-1903.

Ochmian I，Oszmianski J，Jaskiewicz B，2018. Soil and highbush blueberry responses to fertilization with urea phosphate. Folia Horticulturae，30（2）：295-305.

Paya-Milans M，Olmstead J W，Nunez G，2018. Comprehensive evaluation of RNA-seq analysis pipelines in diploid and polyploid species. GigaScience，7（12）：1402-1416.

Quesenberry K H，Dampier J M，Lee Y Y. 2010. Doubling the chromosome number of bahiagrass via tissue culture. Euphytica，175（1）：43-50.

Retamales J B，Hancock J F. 2011. Blueberries. London：MPG Book Group：13-16.

Stebbins G L，1971. Chromosomal Evolution in Higher Plants. London：CABI：88.

第6章 蓝莓果实色素稳定性及抑菌性研究

蓝莓果实是一种色、香、味俱佳的小浆果，果皮中高含量的花青素可以消除视疲劳，还具有抗氧化、抗衰老、抗溃疡、抗炎和抗癌等显著的生理功能，同时也是理想的天然色素，可以广泛地应用于食品工业等。

蓝莓果实的花青素具有较强的抗氧化作用，在瑞典和日本，人们还用蓝莓来治疗腹泻。还有资料记载，蓝莓通常以叶、果入药（中国科学院植物志编写委员会，1991），其叶苦、涩、温、有小毒，具有利尿、解毒等功效；其果酸、甘、平，可止痢。

蓝莓果实成熟过程中，表皮由绿变红，然后变成深紫黑或深蓝色，表皮覆盖白色果粉，果肉绿色或白色。其中表皮富含花青素（Anderson，1987；Howard et al.，2003）。蓝莓果实中丰富的花青素和多酚被认为对人类健康非常有益。

蓝莓花青素的含量与品种、栽培地点、成熟时的光照等有关。花青素的种类随着分析仪器的进步被分离鉴定出的种类越来越多。2019年，Mary H. Grace 等用高效液相色谱-离子阱-飞行时间质谱法（HPLC-IT-TOF/MS）从6个蓝莓杂种和一个矮丛蓝莓样品中鉴定出了22种花青素（anthocyanidin），包括了3-半乳糖苷飞燕草素、3-葡萄糖苷飞燕草素、3-阿拉伯糖苷飞燕草素、Dp-3-（ac-glc）（含量极微）共4种飞燕草色素，以及5种碧冬茄色素［碧冬茄-3-半乳糖苷、碧冬茄-3-葡萄糖苷、碧冬茄-3-阿拉伯糖苷、碧冬茄-3-（ac-半乳糖苷）、碧冬茄-3-（ac-葡萄糖苷）］、5种锦葵色素［锦葵色素-3-半乳糖苷、锦葵色素-3-葡萄糖苷、锦葵色素-3-阿拉伯糖苷、锦葵色素-3-（ac-半乳糖苷）、锦葵色素-3-（ac-葡萄糖苷）］、4种芍药色素［芍药色素-3-半乳糖苷、芍药色素-3-葡萄糖苷、芍药色素-3-（ac-半乳糖苷）、芍药色素-3-（ac-葡萄糖苷）］、4种矢车菊色素［矢车菊色素-3-半乳糖苷、矢车菊色素-3-葡萄糖苷、矢车菊色素-3-阿拉伯糖苷、矢车菊色素-3-（ac-葡萄糖苷）］；花青素含量在品种间差异巨大，矮丛蓝莓最高，为74%（在总酚中的含量），最低的（品种'US2211'）仅6%。此外，还鉴定出了花青素（anthocyanidin）、黄烷-3-醇（flavan-3-ol）、黄酮醇（flavonol）、酚酸（phenolic acid）和白藜芦醇（resveratrol）共5类多酚成分。黄烷-3-醇有4种（原矢车菊色素 B_1、儿茶酚、原矢车菊色素 B_2、表儿茶酸）；黄酮醇有6种（月桂烯-葡萄糖苷、槲皮素-葡萄糖/半乳糖苷、槲皮素-阿拉伯糖苷、山柰酚-葡萄糖苷、紫丁香葡萄糖苷、槲皮黄酮）；酚酸有4种（没食子酸、2,4-水杨酸、咖啡酸和绿原酸）。

Grace 等（2019）还进行了蓝莓样品抗氧化等的研究。结果表明：离体细胞的抗氧化和抗炎症检测证明总酚中的花青素与蓝莓生物活性密切相关。

为了了解蓝莓引入重庆地区后的品质，本团队于2007年和2015年对蓝莓果实色素等进行了相关研究，包括果实色素的提取、稳定性、抑菌能力，以及酚类粗提物的抗氧化和抑制大肠杆菌的初步研究。

6.1　蓝莓果实色素的提取研究

6.1.1　材料与方法

6.1.1.1　供试材料

　　蓝莓（'达柔'）果实于 2007 年 6 月采自作者实验室缙云山果树试验基地，鲜果采回后置冰箱冷藏备用。

6.1.1.2　最佳提取溶剂的确定

　　准确称取等量蓝莓果实 1.000g，用不同溶剂在 4℃条件下浸提 24h，抽滤，滤液经预处理，定容至 50ml，适当稀释后，以提取溶剂为空白对照，在最大吸收波长下测定各提取液的吸光度（A），并观察其颜色及溶解性，确定最佳提取溶剂。

6.1.1.3　最佳提取条件的确定

　　（1）单因素试验

　　1）温度对色素浸提效果的影响：准确称取等量蓝莓果实 0.500g，按照 5∶1 的液料比（V/m），用 95%的乙醇∶1mol/L HCl（V/V=85/15）溶液分别在 40℃、50℃、60℃、70℃、80℃浸提 1 次，时间为 1h，抽滤，滤液经预处理，定容至 50ml，适当稀释后，以提取剂为空白对照，在 522nm 下测其吸光度（A），重复 3 次，取平均值。

　　2）时间对色素浸提效果的影响：准确称取等量蓝莓果实 0.500g，按照 5∶1 的液料比，用 95%的乙醇∶1mol/L HCl（V/V=85/15）溶液在 60℃分别以时间梯度 0.5h、1h、1.5h、2h 和 2.5h 浸提一次，抽滤，滤液经预处理，定容至 50ml，适当稀释后，以提取剂为空白对照，在 522nm 下测其吸光度（A），重复 3 次，取平均值。

　　3）液料比对色素浸提效果的影响：准确称取等量蓝莓果实 0.500g，分别按照 4∶1、5∶1、6∶1、7∶1、8∶1 的液料比，用 95%的乙醇∶1mol/L HCl（V/V=85/15）溶液在 60℃浸提一次，时间为 1h，抽滤，滤液经预处理，定容至 50ml，适当稀释后，以提取剂为空白对照，在 522nm 下测其吸光度（A），重复 3 次，取平均值。

　　4）浸提次数对色素浸提效果的影响：准确称取等量蓝莓果实 0.500g，按照 5∶1 的液料比，用 95%的乙醇∶1mol/L HCl（V/V=85/15）溶液在 60℃分别浸提 2 次、3 次、4 次、5 次、6 次，每次时间为 20min，抽滤，滤液经预处理，定容至 50ml，适当稀释后，以提取剂为空白对照，在 522nm 下测其吸光度（A），重复 3 次，取平均值。

　　（2）正交试验

　　准确称量蓝莓果实各 0.500g，用 95%的乙醇∶1mol/L HCl（V/V=85/15）作为提取剂，按照不同条件对色素进行提取，然后抽滤，滤液经预处理，定容至 50ml，适当稀释后，以提取剂为空白对照，在 522nm 下测其吸光度（A），重复 3 次，取平均值。

6.1.2　结果与分析

6.1.2.1　蓝莓果实色素最佳提取溶剂的确定

由表 6-1 可知，其在 95%的乙醇：1mol/L HCl（V/V=85/15）溶液中的吸光度最高，提取效果最好，并呈现明亮的玫瑰红色，所以选择 95%的乙醇：1mol/L HCl（V/V=85/15）溶液为提取溶剂较为合适。这一点也符合色素的性质。

表 6-1　不同溶剂浸提蓝莓果实色素的效果

项目	提取剂				
	A	B	C	D	E
吸光度	1.6193	1.1636	0.4600	0.2247	0.1965
颜色	玫瑰红	浅紫红	玫瑰红	浅紫红	玫瑰红
溶解性	易溶	易溶	易溶	易溶	易溶

注：A. 95%的乙醇：1mol/L HCl（V/V=85/15）溶液；B. 1%的 HCl：甲醇（V/V=1：99）溶液；C. 1%的 HCl 溶液；D. 85%乙醇溶液；E. 1mol/L HCl

6.1.2.2　蓝莓果实色素最佳提取条件试验

（1）单因素试验

1）温度对蓝莓果实色素浸提效果的影响。由图 6-1 可以看出，在低于 60℃时，随温度的升高，色素溶液的吸光度变大，色素的提取率升高，但是在高于 60℃后，吸光度反而降低，提取率降低，这可能是色素在高温下不稳定的缘故，所以选择 60℃为最适提取温度。

2）时间对蓝莓果实色素浸提效果的影响。由图 6-2 可以看出，在提取时间为 1h 时，色素溶液吸光度最大，提取效率最高。随着提取时间的延长，吸光度反而降低，可能是长时间的处理破坏了色素的结构造成的结果。所以选择 1h 为最适提取时间。

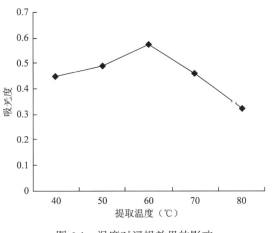

图 6-1　温度对浸提效果的影响

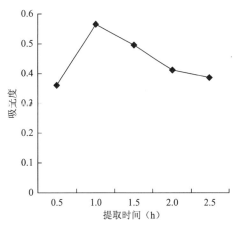

图 6-2　时间对浸提效果的影响

3）液料比对蓝莓果实色素浸提效果的影响。由图 6-3 可以看出，尽管在 8：1 的液料比条件下吸光度最大，提取效率最高，但是在 6：1 的液料比条件下的吸光度和在 8：1 条件下的吸光度差别不大，从减少提取色素的溶剂用量和浓缩色素耗能方面考虑，选择 6：1 的液料比较为理想。

4）浸提次数对蓝莓果实色素浸提效果的影响。从图 6-4 可以看出，随着浸提次数的增加，色素的吸光度增大，浸提效率增加，但是浸提 4 次后吸光度变化不是很大。从提取及回收成本考虑，选择提取 4 次比较合适。

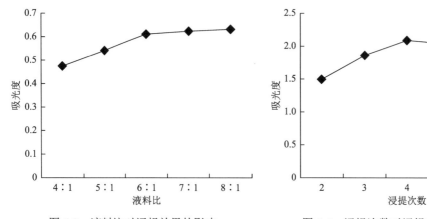

图 6-3　液料比对浸提效果的影响　　　　　图 6-4　浸提次数对浸提效果的影响

（2）正交试验

在以上单因素试验的基础上，对 95% 的乙醇：1mol/L HCl（V/V=85/15）的色素溶液的 4 个参数，即浸提温度、浸提时间、液料比及浸提次数进行 L_{16}（4^5）正交试验，其正交试验因素水平表、正交试验表和正交试验极差分析表分别见表 6-2～表 6-4。

表 6-2　正交试验因素水平表

水平	因素			
	X_1 浸提温度（℃）	X_2 浸提时间（min）	X_3 液料比	X_4 浸提次数
1	40	30	4	2
2	50	60	5	3
3	60	90	6	4
4	70	120	7	5

表 6-3　最佳提取条件的正交试验表

处理	A 浸提温度	B 浸提时间	C 液料比	D 浸提次数	E 空白	吸光度
1	1	1	1	1	1	0.5321
2	1	2	2	2	2	0.6302
3	1	3	3	3	3	0.7142
4	1	4	4	4	4	0.6512
5	2	1	2	3	4	0.9025
6	2	2	1	4	3	0.7348
7	2	3	4	1	2	0.8755

续表

处理	A 浸提温度	B 浸提时间	C 液料比	D 浸提次数	E 空白	吸光度
8	2	4	3	2	1	0.8121
9	3	1	3	4	2	0.7326
10	3	2	4	3	1	0.8340
11	3	3	1	2	4	0.8864
12	3	4	2	1	3	0.8120
13	4	1	4	2	3	0.5280
14	4	2	3	1	4	0.6260
15	4	3	2	4	1	0.7356
16	4	4	1	3	2	0.6780

由表 6-4 可知，各因素对提取率的影响程度由大到小依次为：浸提温度＞浸提时间＞浸提次数＞液料比。极差分析结果表明，选 $A_2B_3C_2D_3$ 时的吸光度最大，提取率最高，即最佳提取条件为：50℃；1.5h；液料比 5∶1（V/m）；浸提次数为 4 次。这与单因素试验结果也比较吻合。

表 6-4　正交试验极差分析表

极差	A	B	C	D	E（空白）
Ⅰ	0.631 92	0.673 80	0.707 83	0.711 40	0.728 45
Ⅱ	0.831 22	0.706 25	0.770 07	0.714 18	0.729 08
Ⅲ	0.816 25	0.802 93	0.721 23	0.782 17	0.697 25
Ⅳ	0.641 90	0.738 33	0.722 18	0.713 55	0.766 53
R	0.199 3	0.129 1	0.062 3	0.070 8	0.069 3

6.1.3　结论与讨论

（1）浸提溶剂的选择

色素浸提溶剂的选择取决于浸提的目的和色素本身的组成。如果浸提出来的色素还要进行定性或定量分析，那么应该选择一种使其尽可能处于天然状态的浸提溶剂；如果浸提出来的色素主要用于食品着色，那么就更应关注色素的最大产率、着色力和稳定性。

（2）蓝莓果实色素的最佳浸提条件的确定

不同浸提条件对蓝莓果实色素浸提效果的影响不同。本试验用正交试验法研究了浸提温度、浸提时间、液料比和浸提次数各因素对色素提取率的影响，得出各因素对提取率的影响程度由大到小依次为：浸提温度＞浸提时间＞浸提次数＞液料比。根据试验结果及分析，优选出 $A_2B_3C_2D_3$ 为最佳组合，即用 95%的乙醇∶1mol/L HCl（V/V=85/15）的溶液作为浸提溶剂，液料比为 5∶1（V/m），在 50℃浸提 4 次，时间 1.5h 为最佳浸提条件。

6.2 蓝莓果实色素的提取及稳定性等研究

6.2.1 材料与方法

（1）供试材料

蓝莓（'达柔'）果实于 2007 年 6 月采自作者实验室缙云山果树试验基地，鲜果采回后置冰箱冷藏备用。

（2）色素的提取

称取蓝莓果实 10g，研磨，用 95%的乙醇∶1mol/L HCl（V/V=85/15）在 4℃条件下浸提 24h，离心，过滤，滤液加入石油醚萃取，以除去其中的叶绿素和蜡质，将经预处理的色素溶液置于 4℃的冰箱中备用。

（3）光照对色素稳定性的影响

取适量的色素提取液，用蒸馏水适当稀释后，分别在 0.28×10^2lx、411.70×10^3lx、586.00×10^6lx 条件下处理 0h、2h、4h、6h、8h，在 522nm 条件下测其吸光度，重复 3 次，取平均值。

（4）温度对色素稳定性的影响

取适量色素提取液，用蒸馏水适当稀释后，分别放置在 30℃、40℃、60℃、80℃、100℃条件下恒温处理 0h、1h、2h、3h、4h、5h，冷却至室温后，在 522nm 条件下测其吸光度，重复 3 次，取平均值。

（5）pH 对色素稳定性的影响

配制 pH 为 1～12 的缓冲溶液，取 1ml 色素提取液分别加 9ml 不同 pH 的缓冲液，放置 1h 后，观察其颜色，重复 3 次。

（6）食品添加剂对色素稳定性的影响

取 1ml 色素提取液分别加 9ml 不同浓度的葡萄糖、蔗糖、柠檬酸、维生素 C 和苯甲酸钠溶液，室温静置 0h、2h、24h 后，在 522nm 条件下测其吸光度，重复 3 次，取平均值。

（7）氧化剂和还原剂对色素稳定性的影响

以 H_2O_2 为氧化剂，Na_2SO_3 为还原剂，取 1ml 色素提取液分别加 9ml 不同浓度的 H_2O_2 溶液和 Na_2SO_3 溶液，在室温放置 0h、1h、2h、3h、4h、5h 后，在 522nm 条件下测其吸光度，重复 3 次，取平均值。

（8）金属离子对色素稳定性的影响

取 1ml 色素提取液分别加 9ml 不同摩尔浓度的 Na^+、K^+、Ca^{2+}、Mg^{2+}、Al^{3+}、Zn^{2+}、

Cu^{2+}、Mn^{2+}、Fe^{3+} 和 Fe^{2+} 溶液，室温放置 24h 后，在 522nm 条件下测其吸光度，重复 3 次，取平均值。

6.2.2　结果与分析

（1）光照对色素稳定性的影响

由表 6-5 可以看出，蓝莓色素对光的稳定性好。即使在 586.00×10^6lx 下处理 8h 后，色素的保留值也在 95.0% 以上，色素色调变化不显著。但当光强大于 586.00×10^6lx 时，长时间处理是否对蓝莓色素的稳定性有影响还需要进一步研究。

表 6-5　光照对色素稳定性的影响

光强（lx）	时间（h）					色素保留值（%）
	0	2	4	6	8	
0.28×10^2	1.512	1.510	1.497	1.486	1.480	97.8
411.70×10^3	1.518	1.514	1.501	1.492	1.490	98.2
586.00×10^6	1.523	1.510	1.465	1.457	1.448	95.1

（2）温度对色素稳定性的影响

有研究认为，花青素在 80℃ 条件下稳定；而另有研究认为，当温度高于 60℃ 时该类色素不稳定（陆国权和吴小蓉，1997；Markakis，1983；韩涛等，1997）。在本试验中，随处理时间的延长，色素在不同温度下均有降解趋势（表 6-6），在 60℃ 以下时降解不显著，色素的保留值在 85.0% 以上，颜色变化也不明显；但当温度达到 80℃ 及其以上时，色素降解显著，残存率在 50.0% 以下。所以，蓝莓果实色素在提取及作为食品添加剂等应用中温度应保持在 60℃ 以下。

表 6-6　温度对色素稳定性的影响

温度（℃）	时间（h）						色素保留值（%）
	0	1	2	3	4	5	
30	0.273	0.270	0.269	0.266	0.264	0.260	95.4
40	0.273	0.261	0.262	0.267	0.259	0.255	93.4
60	0.257	0.255	0.252	0.243	0.234	0.231	89.9
80	0.261	0.222	0.189	0.155	0.136	0.126	48.3
100	0.257	0.135	0.089	0.062	0.039	0.025	9.7

（3）pH 对色素稳定性的影响

由表 6-7 可以看出，该色素在酸性溶液中呈现红色，随 pH 的升高，颜色由红色变为紫色，再变为深蓝色，最后变为墨绿色。放置 1h 后，pH 为 10、12 的色素溶液均变为黄色。可见，该色素在酸性条件下比较稳定，在碱性条件下不稳定，这也符合色素的性质（Markakis，1983）。

表 6-7　pH 对色素稳定性的影响

指标	pH					
	1	2	3	4	5	6
色泽（0h）	桃红	桃红	粉红	浅粉	近乎无色	近乎无色
色泽（1h）	桃红	桃红	粉红	浅粉	近乎无色	近乎无色

指标	pH					
	7	8	9	10	11	12
色泽（0h）	紫色	蓝绿	蓝紫	绿蓝	墨蓝	墨绿
色泽（1h）	浅紫	灰蓝	蓝紫	黄色	黄蓝	黄色

（4）葡萄糖和蔗糖对色素稳定性的影响

由表 6-8、表 6-9 可以看出，加入不同浓度的葡萄糖、蔗糖后，色素溶液的吸光度均随着其处理时间的延长而增大，这说明葡萄糖和蔗糖对色素均有一定的护色作用，这与 Hendrg 和 Houghton（1992）与李清芳（1997）的研究结果相似，但护色机理尚不清楚。

表 6-8　葡萄糖对色素稳定性的影响

浓度（mol/L）	处理时间（h）			色素保留值（%）
	0	2	24	
0.005	0.737	0.775	0.798	108
0.010	0.743	0.750	0.786	105
0.015	0.717	0.798	0.829	115
0.020	0.736	0.752	0.800	109
0.025	0.747	0.776	0.813	109

表 6-9　蔗糖对色素稳定性的影响

浓度（mol/L）	处理时间（h）			色素保留值（%）
	0	2	24	
0.005	0.670	0.742	0.795	119
0.010	0.755	0.743	0.818	108
0.015	0.764	0.772	0.817	107
0.020	0.763	0.772	0.814	107
0.025	0.745	0.738	0.805	108

（5）维生素 C 对色素稳定性的影响

加入不同浓度的维生素 C 后，随着处理时间的延长，色素溶液的吸光度变化比较小，色素保留值均高于 80.0%，说明维生素 C 对色素的稳定性基本无影响（表 6-10）。这与陆国权和吴小蓉（1997）报道的维生素 C 对色素有严重破坏作用的实验结果不符，具体原因有待于进一步研究。

表 6-10　维生素 C 对色素稳定性的影响

浓度（mol/L）	处理时间（h）			色素保留值（%）
	0	2	24	
0.005	0.790	0.762	0.752	95.2
0.010	0.787	0.751	0.741	94.2
0.015	0.781	0.749	0.723	92.6
0.020	0.778	0.739	0.705	90.6
0.025	0.764	0.726	0.683	89.4

（6）柠檬酸对色素稳定性的影响

加入不同浓度的柠檬酸后，色素溶液的吸光度变化不大，说明酸性柠檬酸对该色素的稳定性基本没有影响（表 6-11），这与陆国权和吴小蓉（1997）的研究结果相一致，也与色素的性质相符合。

表 6-11　柠檬酸对色素稳定性的影响

浓度（mol/L）	处理时间（h）			色素保留值（%）
	0	2	24	
0.005	0.983	0.968	0.933	94.9
0.010	0.849	0.837	0.786	92.6
0.015	0.899	0.857	0.816	90.8
0.020	0.924	0.919	0.808	87.4
0.025	0.899	0.856	0.748	83.2

（7）苯甲酸钠对色素稳定性的影响

碱性化合物苯甲酸钠对蓝莓果实色素有显著的破坏作用，尤其当处理浓度在 0.015mol/L 以上时，随着处理时间的延长，色素保留值均低于 50.0%（表 6-12）。因此，在蓝莓果实色素的贮藏和食品加工应用中要注意防腐剂苯甲酸钠的用量。

表 6-12　苯甲酸钠对色素稳定性的影响

浓度（mol/L）	处理时间（h）			色素保留值（%）
	0	2	24	
0.005	0.325	0.317	0.264	81.2
0.010	0.289	0.131	0.178	61.6
0.015	0.271	0.134	0.131	48.3
0.020	0.281	0.141	0.128	45.6
0.025	0.283	0.142	0.117	41.4

（8）氧化剂（H_2O_2）和还原剂（Na_2SO_3）对色素稳定性的影响

氧化剂及还原剂对该色素都有破坏作用，且随着浓度的增加，其破坏作用增强（表6-13，表6-14）。这可能是因为蓝莓果实色素属于花青素类，这类色素的基本结构单元为色原烯，分子结构中的高度共轭导致其化学结构易受氧化剂、还原剂的影响而对色素有较大的破坏作用。因此，该色素的耐氧化性和耐还原性差，提取、使用和保存时应避免和氧化性、还原性较强的物质共存。

表 6-13　氧化剂对色素稳定性的影响

浓度 （%）	处理时间（h）						色素保留值 （%）
	0	1	2	3	4	5	
0.1	0.687	0.225	0.153	0.097	0.069	0.051	7.4
0.2	0.687	0.101	0.058	0.036	0.026	0.026	3.7
0.3	0.687	0.086	0.045	0.031	0.027	0.025	3.6
0.4	0.687	0.062	0.036	0.024	0.023	0.020	2.9
0.5	0.687	0.032	0.024	0.021	0.021	0.019	2.7

表 6-14　还原剂对色素稳定性的影响

浓度 （mol/L）	处理时间（h）						色素保留值 （%）
	0	1	2	3	4	5	
0.002	1.335	1.270	1.168	1.106	1.046	0.860	64.4
0.004	1.335	1.261	1.107	1.067	0.959	0.755	56.6
0.006	1.335	1.255	1.091	0.943	0.740	0.631	47.3
0.008	1.335	1.222	0.851	0.755	0.536	0.426	40.0
0.010	1.335	1.135	0.857	0.662	0.439	0.325	24.3

（9）金属离子对色素稳定性的影响

由表6-15可知，Zn^{2+}、Al^{3+}、K^+对该色素有一定的增色作用，随离子浓度的增大，溶液吸光度增强；Mn^{2+}、Mg^{2+}、Ca^{2+}、Na^+对该色素的稳定性无显著影响；Fe^{2+}及Fe^{3+}对该色素的稳定性有显著影响，且随浓度的增加而增强。尤其当Fe^{3+}浓度增加到0.002mol/L以上时会产生黄褐色絮状沉淀。这与金英实等（2003）的研究结果相一致。因此，在色素的生产、贮藏和使用时应尽量避免与含有Fe^{2+}及Fe^{3+}这些离子的试剂共用，所用的水应进行离子交换，或者加入金属离子封闭剂。例如，刘巍和丁子庆（1991）报道姜黄色素溶液中加入Na_3PO_4就可消除Fe^{3+}对该色素的影响。

表 6-15　金属离子对色素稳定性的影响

离子	离子浓度（mol/L）						色素保留值 （%）
	0（CK）	0.0001	0.0005	0.001	0.002	0.003	
Mn^{2+}	0.817	0.736	0.750	0.756	0.754	0.741	90.7
Zn^{2+}	0.782	0.792	0.783	0.799	0.794	0.796	102.0

离子	离子浓度（mol/L）						色素保留值（%）
	0（CK）	0.0001	0.0005	0.001	0.002	0.003	
Al^{3+}	0.796	0.775	0.807	0.805	0.838	0.849	107.0
Mg^{2+}	0.778	0.762	0.743	0.761	0.763	0.769	98.8
Ca^{2+}	0.824	0.800	0.785	0.764	0.754	0.787	95.5
Fe^{2+}	0.698	0.601	0.614	0.554	0.506	0.464	66.5
Fe^{3+}	0.753	0.546	0.295	0.122	↓	↓	↓
Cu^{2+}	0.710	0.643	0.613	0.584	0.392	0.486	68.5
K^+	0.684	0.674	0.657	0.666	0.665	0.693	101.0
Na^+	0.734	0.640	0.673	0.656	0.671	0.660	89.9

注："↓"表示沉淀

6.2.3　讨论

色素的变色、褪色及降解等受光照、温度、pH、氧化还原物质、各种金属离子等因素的影响。

（1）关于光强对色素稳定性的影响

试验结果显示，在避光、室内自然光，以及光强达 586.00×10^6 lx 处理 8h 后，色素的保留值也在 95.0% 以上，色素色调变化也不显著。但当光强大于 586.00×10^6 lx 时，长时间处理是否对蓝莓果实色素的稳定性有影响还需要进一步研究。因此，在使用和贮藏该色素时，也应尽量注意在较暗处保存。

（2）色素不耐高温

温度对色素的稳定性也有影响。本试验表明，蓝莓果实色素在低于 60℃时有较好的稳定性，而在超过 60℃时，其吸光度显著降低，说明色素的耐高温是有范围限制的，并随着加热时间的延长，稳定性也随之下降。

（3）色素的颜色在很大程度上取决于介质的 pH

本试验中，随着 pH 的增大，蓝莓果实色素的色泽发生明显变化，由红色褪为无色，直至变为黄色。可见，该色素在酸性条件下比较稳定，在碱性条件下不稳定。

（4）不同的食品添加剂对色素有不同的影响

本试验结果显示，中性添加剂葡萄糖、蔗糖对该色素有一定的护色作用；碱性化合物苯甲酸钠对蓝莓果实色素有显著的破坏作用。因此，在蓝莓果实色素的贮藏和食品加工应用中要注意防腐剂苯甲酸钠的用量。柠檬酸、维生素 C 对色素的稳定性影响不大。葡萄糖、蔗糖、柠檬酸、维生素 C 是食品工业中经常使用的添加剂，蓝莓果实色素对这几种物质的稳定性都很好，很有开发和利用价值。

（5）氧化剂及还原剂对该色素均有破坏作用

色素属多酚类物质，富含酚羟基，易被氧化剂氧化和还原剂还原而导致花色素苷降解、变色。本试验结果也证明了这一点，H_2O_2 和 Na_2SO_3 对蓝莓果实色素均有强烈的破坏作用。

（6）各种金属离子对色素的稳定性有不同的影响

Zn^{2+}、Al^{3+}、K^+对该色素有一定的增色作用，随离子浓度的增大，溶液吸光度增强；Mn^{2+}、Mg^{2+}、Ca^{2+}、Na^+对该色素的稳定性无不良影响；Fe^{2+}及 Fe^{3+}对该色素的稳定性有显著影响，且随浓度增加而增强，甚至产生黄褐色絮状沉淀。而有些实验的结果得出 Fe^{3+}的加入对色素无影响，这可能是所用实验材料不同，其所含色素不同所致。

6.3　蓝莓果实色素抑菌活性的研究

6.3.1　材料与方法

供试材料蓝莓（'达柔'）果实于 2007 年 6 月采自西南大学缙云山果树试验基地，供试菌种大肠杆菌（XL-Blue）由西南大学花卉研究所提供。

（1）色素的提取

称取蓝莓新鲜果实 10g，研磨，用 95%的乙醇：1mol/L HCl（V/V=85/15）在 4℃条件下浸提 24h，离心，过滤，滤液加入石油醚萃取，以除去其中的叶绿素和蜡质，经预处理的色素溶液置于 4℃的冰箱中备用。

（2）抑菌活性研究

培养基的准备：分别配制大肠杆菌 LB（Luria-Bertani）液体和固体培养基 300ml（竺传松等，2006），与包扎好的培养皿、移液枪头、棉拭子、滤纸片、空锥形瓶、蒸馏水、色素提取液等一起放入灭菌锅中高压蒸汽灭菌 20min。

菌种的制备：于-80℃冰箱中取出保藏的大肠杆菌菌种，划线接种，于 37℃的培养箱中培养 24h。然后用灭菌的牙签挑取单菌落转接到 LB 液体培养基中，于 37℃、120r/min 的摇床上培养 24h 后获得活化的菌液。

液体培养法：在不同色素浓度（0.000mg/ml、0.001mg/ml、0.008mg/ml、0.048mg/ml、0.092mg/ml，分别标为 K_0、K_1、K_2、K_3、K_4）、体积为 20ml 的 LB 液体培养基中，分别加入 100μl 活化的菌液。在 37℃、120r/min 摇床培养 24h 后在 600nm 下测大肠杆菌的吸光度，重复 3 次，取平均值。

滤纸片法：采用滤纸片法（竺传松等，2006），即用无菌棉签蘸取活化的菌液，均匀涂抹在培养基表面，干燥 5min。将浸有不同浓度色素（0.00mg/ml、0.02mg/ml、0.16mg/ml、0.97mg/ml、1.83mg/L，分别标为 M_0、M_1、M_2、M_3、M_4）的无菌滤纸片贴在制备好的含菌培养基上，M$_0$ 为空白对照。将贴好的培养皿置于 37℃恒温培养箱中培养，48h 后观察并测定其抑菌圈的直径，重复 3 次，取平均值。

6.3.2　结果与分析

（1）液体培养法的抑菌效果

从表 6-16 可以看出，随着果实色素浓度的增加，大肠杆菌吸光度逐渐减小，而大肠杆菌的吸光度又与其浓度呈正相关（林稚兰，2000），说明蓝莓果实色素对大肠杆菌确有一定的抑菌效果。与 K$_0$（0.000mg/ml）相比，当色素浓度大于 K$_2$（0.008mg/ml）时，其抑菌效果均在 0.05 水平上达到显著差异。K$_4$（0.092mg/ml）中大肠杆菌的吸光度仅为 K$_0$ 的 12.6%，说明 K$_4$ 中大肠杆菌的浓度仅为 K$_0$ 的 12.6%，可见随着色素浓度的增加，其抑菌作用明显增强。

表 6-16　液体培养中色素对大肠杆菌抑制效果差异显著性比较

处理	吸光度平均值	差异显著性	
		0.05	0.01
K$_0$	1.772	a	A
K$_1$	1.663	ab	A
K$_2$	0.338	b	A
K$_3$	0.332	b	A
K$_4$	0.224	b	A

（2）滤纸片法的抑菌效果

从不同色素浓度抑菌圈直径的大小比较来看（图 6-5，表 6-17），蓝莓果实色素对大肠杆菌有一定的抑制效果，且随着色素浓度的增加，其抑菌作用明显增强。这一结果与前述液体培养法的结果相吻合。与对照 M$_0$ 相比，处理 M$_2$、M$_3$、M$_4$ 均在 0.01 水平上达到显著差异。

表 6-17　抑菌圈法色素对大肠杆菌抑制效果差异显著性比较

处理	抑菌圈直径平均数	差异显著性	
		0.05	0.01
M$_4$	19.53	a	A
M$_3$	16.45	b	AB
M$_2$	14.68	b	B
M$_1$	11.58	c	BC
M$_0$	10.00	c	C

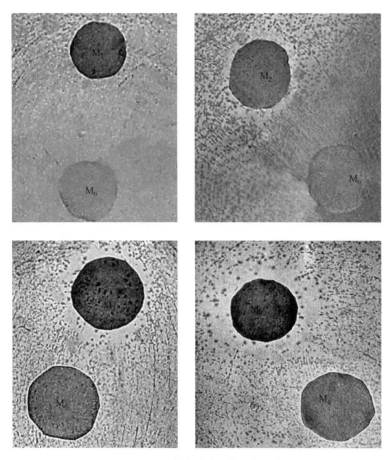

图 6-5　不同色素浓度抑菌圈的比较

6.3.3　讨论

（1）关于液体培养和滤纸片法

本试验采用液体培养和滤纸片两种方法对蓝莓果实色素提取物的抑菌活性进行研究，其中滤纸片法观察效果较为直观，但由于该法是利用抑菌剂的扩散作用，而大多数植物色素的提取物是混合物，扩散性差（Hendrg and Houghton，1992），抑菌圈虽是较好的定性检测依据，但不能准确反映提取物对菌体的抑制情况。在液体培养法中，对OD 值的测定结果能够准确地反映提取物对大肠杆菌的抑制效果。因此，本试验以滤纸片法与液体培养法结合来比较不同浓度的蓝莓果实色素提取物对大肠杆菌的抑菌效果是一种行之有效的方法。

（2）植物材料对病原菌的抑制作用机理

植物材料对病原菌的抑制作用机理非常复杂，一方面，对一种病原菌有抑制作用的植物样品不一定对其他病原菌也有抑制作用；另一方面，对病原菌菌丝有抑制作用的植物样品不一定对孢子萌发有抑菌作用。因此，判断生物活性的测定方法的选择非常重要。现发现蓝莓果实色素提取物对大肠杆菌有一定的抑菌效果,随着蓝莓果实色素提取物浓度的增加,其对大肠杆菌的抑菌作用也增强。本试验只是对蓝莓果实色素提取物的抑菌作用进行了初步研究,关于蓝莓果实色素提取物的最低抑菌浓度及抑菌机理还有待进一步研究。

（3）关于抑菌试验的意义

一些药物的副作用给人们的健康带来了巨大的伤害。因此,从植物中探寻具有抗菌活性而无副作用的抑菌杀菌剂具有重要意义。本试验通过对蓝莓果实色素提取物对大肠杆菌抑菌活性的研究,明确了蓝莓果实色素中含有抑菌活性成分。因此,利用蓝莓果实来开发环保的纯天然植物源药物或杀菌剂具有广阔的开发应用前景,将会带来巨大的经济效益和环保效益。

6.4　蓝莓等 3 种材料抗氧化活性的研究

玫瑰茄（*Hibiscus sabdariffa* L.）是锦葵科（Malvaceae）木槿属（*Hibiscus*）一年生草本或多年生灌木,花萼可制成蜜饯和果酱,花萼中的红色素可作为食品色素,也可作为杀菌剂。花萼中除含有维生素、氨基酸、有机酸、无机盐和糖类等丰富的营养成分外,还含有一部分生物活性物质,该类活性物质具有抗氧化、抗肿瘤、降血压、保护肝脏和心血管等药理功效和保健功能（李升锋等,2006）。

头花蓼（*Polygonum capitatum* Buch.-Ham. ex D. Don）为蓼科（Polygonaceae）蓼属（*Polygonum*）头状蓼组（*Cephalophilon*）多年生草本,主要分布在四川、贵州、云南、广西等地。头花蓼对荫蔽和干旱环境均有一定的适应和耐受力,粉红色小花繁密,花期长,也可作为地被植物。茎、叶及根均可入药,有清热活血、解毒利湿的功效,可治疗泌尿系统疾病,具有抗炎、抗菌、抗癌等疗效（杨阳,2009）。目前国内已有多种药物制剂是以头花蓼为主要原料并被国家标准收载了,头花蓼的药理活性与其酚酸类和黄酮类等化学成分相关（邱德文,2005）。

以上两种材料为作者实验室常年栽培保存。

据报道,从蓝莓花青素中已分离的化学成分有天竺葵素-3-*O*-半乳糖苷、槲皮素-3-*O*-半乳糖苷、绿原酸异构体、表儿茶素没食子酸酯、锦葵素-3-*O*-葡萄糖或己糖、山柰酚-3-鼠李糖苷、5-没食子酸奎宁酸、阿魏酸己糖脂、杨梅酮-3-*O*-己糖（Merfort and Wendisch,1987；Markham et al.,1978）。蓝莓果实中的酚酸类物质的化学成分有槲皮素-3-*O*-己糖、香蜂草苷、表儿茶素、槲皮素-3-*O*-半乳糖苷和锦葵素-3-阿拉伯糖苷-5-葡萄糖苷（李兴元,2012）。

玫瑰茄花萼中分离的红色素属于花青素类色素,化学成分主要有飞燕草素-3-*O*-桑布双糖苷、矢车菊素-3-*O*-桑布双糖苷、飞燕草素-3-葡萄糖苷、矢车菊素-3-葡萄糖苷等（王雪飞和张华,2012；郝纯青,2011；鞠玉栋和吴维坚,2009）。Tseng 等（1996）从玫瑰茄的干花中分离出了原儿茶酸（protocatechuic acid）。Osman 等（1975）从玫瑰茄中分离到谷甾醇-β-D-半乳糖苷、类黄酮素、异黄酮素、飞燕草素-3-*O*-桑布双糖苷、矢车菊素-3-*O*-桑布双糖苷（刘雪辉等,2014；Du et al.,2004）。

张丽娟等（2012）、闫杏莲（2010）、徐文欣（2001）等的研究表明，从头花蓼叶片的酚酸类物质中分离鉴定出 13 种化合物，如儿茶酚、5，7-二羟基色原酮、3，5-二羟基-4-甲氧基苯甲酸等，其具有较强的清除自由基的能力。

6.4.1　材料与方法

（1）材料

本研究所用材料头花蓼、玫瑰茄和蓝莓均来自作者实验室试验地。2015 年 6 月选取长势基本一致、生长发育良好的头花蓼叶片和玫瑰茄花萼，蓝莓（品种'蓝好'）选取大小均匀、果形正常、无病虫害的成熟果实。

（2）试剂

Trolox（6-羟基-2,5,7,8-四甲基色烷-2-羧酸，纯度 97%）、DPPH（1,1-二苯基-2-三硝基苯肼，纯度 99%）、TPTZ（2,4,6-三吡啶基三嗪，纯度 99%）、ABTS［2,2-联氮-二（3-乙基苯并噻唑啉-6-磺酸）二铵盐，纯度 99%］；没食子酸、芦丁、甲醇、无水乙醇、福林试剂、碳酸钠、亚硝酸钠、硝酸铝、氢氧化钠、冰醋酸、盐酸、氯化铁、过硫酸钾、无水乙醇等均为分析纯。

（3）3 种材料酚类粗提物的提取（用于总酚酸、总黄酮及总花色苷的测定）

参考刘翼翔等（2013）、田瑶（2012）等的方法，称取蓝莓果实 5g，用 70%的甲醇 25ml 进行充分研磨，在 25℃条件下超声提取 69min，4000r/min 离心 20min，取上清液，残渣再加 5ml 相同的提取剂（70%甲醇）重复提取 2 次，用少量提取剂（70%甲醇）洗涤残渣，合并上清液，并定容至 50ml 得到酚类粗提物样液，用于蓝莓总酚酸和总黄酮的测定。

参考慈美琳等（2014）等的方法，将蓝莓果实称取 5g，将 85ml 95%无水乙醇和 15ml 0.1%盐酸充分混合均匀，取混合溶液 30ml 在研钵中充分研磨，在 30℃条件下超声提取 60min，5000r/min 离心 15min，取上清液，残渣再加 5ml 相同的提取剂重复提取 2 次，用少量提取剂洗涤残渣，合并上清液，并定容至 50ml 得到酚类粗提物样液，用于蓝莓总花色苷的测定。

参考师仲等（2012）、徐剑等（2012）等的方法，将头花蓼的叶片称取 5g，用 70%的甲醇 20ml 进行充分研磨，在 25℃条件下超声提取 75min，4000r/min 离心 30min，取上清液，残渣再加 6ml 相同的提取剂（70%甲醇）重复提取 2 次，用少量提取剂（70%甲醇）洗涤残渣，合并上清液，并定容至 50ml 得到酚类粗提物样液，用于头花蓼总酚酸和总黄酮的测定。

参考王祥培等（2006）的方法，称取头花蓼叶片 5g，将 80ml 80%无水乙醇和 20ml 0.1%盐酸充分混合均匀，取混合溶液 35ml 在研钵中充分研磨，在 25℃条件下超声提取 45min，5000r/min 离心 15min，取上清液，残渣再加 7ml 相同的提取剂重复提取 2 次，用少量提取剂洗涤残渣，合并上清液，并定容至 50ml 得到酚类粗提物样液，用于头花蓼总花色苷的测定。

参考李升峰等（2007）、刘雨潇等（2011）等的方法，称取玫瑰茄花萼 5g，用 70%甲醇 25ml 进行充分研磨，在 20℃条件下超声提取 90min，4000r/min 离心 20min，取上清液，残渣再加 7ml 相同的提取剂（70%甲醇）重复提取 2 次，用少量提取剂（70%甲醇）洗涤残渣，合并上清液，并定容至 50ml 得到酚类粗提物样液，用于玫瑰茄总酚酸和总黄酮的测定。

参考师文添（2010）的方法，称取玫瑰茄花萼 5g，将 90ml 90%无水乙醇和 10ml 0.1%盐酸充分混合均匀，取混合溶液 30ml 在研钵中充分研磨，在 20℃条件下超声提取 45min，5000r/min 离心 15min，取上清液，残渣再加 6ml 相同的提取剂重复提取 2 次，用少量提取剂洗涤残渣，合并上清液，并定容至 50ml 得到酚类粗提物样液，用于玫瑰茄总花色苷的测定。

（4）总酚酸的测定

参照 Singleton 等（1999）的方法并略作修改。分别取 100μl 3 种材料的提取液，于 10ml 离心管中加入纯水 4ml，混匀，再加 1.0ml 福林试剂，漩涡振荡，于暗处放置 3min，加入 1.0ml 7% Na_2CO_3 溶液，充分混合后，置于 30℃恒温水浴锅中静置 30min，于 765nm 处测定吸光度。以没食子酸为标准品制作标准曲线，总酚酸含量用没食子酸当量（gallic acid equivalent，GAE）表示。

（5）总黄酮的测定

总黄酮的测定参照 Li 等（2006）和 Kim 等（2003）的方法并略作修改。分别取 1.0ml 3 种材料的提取液于 10ml 离心管中，加入纯水 0.5ml，混匀后加 0.3ml 5% $NaNO_2$，混匀后静置 5min，加入 0.3ml 10% $Al(NO_3)_3$ 摇匀后静置 5min，加入 2.5ml 1mol/L NaOH 溶液，再加纯水定容至 10ml，混匀后在黑暗中静置 30min，于 515nm 处测定吸光度。以芦丁为标准品制作标准曲线，总黄酮含量用芦丁当量（rutin equivalent，RE）表示。

（6）总花色苷的测定

采用 pH 示差法，参照蔺祎（2012）及刘洪海等（2009）等的方法并略作修改。缓冲液的配制：pH=1 缓冲液，称取 1.86g KCl，与 980ml 水混合，校正 pH 至 1.0，并定容至 1L。pH=4.5 缓冲液，称取 54.43g CH_3COONa，与 960ml 水混合，校正 pH 至 4.5，并定容到 1L。取 1.0ml 3 种材料的提取液于 25ml 容量瓶中，分别用 pH=1 和 pH=4.5 的缓冲液定容至 25ml，充分混匀后放置黑暗处静置 90min，取出后于 520nm 处测定吸光度。

（7）3 种材料粗提物样液的制备（用于抗氧化活性的测定）

参考郜海燕（2013）、刘志军等（2008）的方法，称取蓝莓果实、头花蓼的叶片、玫瑰加化萼各 5g，分别用 70%甲醇 25ml 在研钵中充分研磨，在 4℃条件下浸提 24h，5000r/min 离心 20min，取上清液，残渣再加 70%甲醇 6ml 重复提取 2 次，用少量 70%甲醇洗涤残渣，合并上清液，并定容至 50ml，得浓度为 100mg/ml 的粗提物样液。

（8）DPPH 自由基清除能力的测定

参照 Zhuang 等（1999）的方法并略微修改。配制 100μmol/L 的 DPPH 溶液，分别取 0.05ml 3 种材料的提取液（100mg/ml），并加到 3.5ml DPPH 溶液中，避光反应 30min 后在517nm处测定吸光值,以溶于70%甲醇的Trolox为标样作标准曲线,$y=-0.0013x+1.1231$,$R^2=0.9979$。抗氧化能力用Trolox当量（Trolox equivalent,TE）表示。3种材料的4种组合均为提取液等体积混合。

（9）FRAP（铁离子还原/抗氧化能力法）铁离子还原能力的测定

参照Benzie和Strain（1996）的方法并略加修改。FRAP试剂:0.3mol/L乙酸缓冲液（pH 3.6）:10mmol/L TPTZ（溶于40mmol/L盐酸）:20mmol/L $FeCl_3=10:1:1$。分别取0.7ml 3种材料的提取液（100mg/ml）,加入2.0ml FRAP试剂反应30min,于593nm处测定吸光度。以溶于70%甲醇的Trolox为标样作标准曲线,$y=0.0002x+0.0505$,$R^2=0.9987$。抗氧化能力用Trolox当量表示。3种材料的4种组合均为提取液等体积混合。

（10）ABTS自由基清除能力的测定

参照Almeida等（2011）的方法并略加修改。取200μl 2.5mmol/L过硫酸钾溶液与10ml 7mmol/L ABTS溶液,在黑暗的室温下反应12～16h,然后用95%乙醇稀释ABTS溶液至吸光度为0.70±0.02,得到ABTS溶液。分别取0.035ml 3种材料的提取液（100mg/ml）,加入3.5ml ABTS反应20min后,于734nm处测定吸光度。以溶于70%甲醇的Trolox为标样作标准曲线,$y=-0.0012x+0.6626$,$R^2=0.999$。抗氧化能力用Trolox当量表示。3种材料的4种组合均为提取液等体积混合。

（11）数据处理

采用Excel2016、SPSS22.0软件进行数据统计分析。所测样品数据均为三次重复,测定结果以平均值±标准差（mean±standard deviation）表示。实验数据进行单因素差异分析（one-way analysis of variance,ANOVA）/皮尔森相关性分析（Pearson's correlation analysis）,以$P<0.05$为显著（*）,$P<0.01$为极显著（**）。

6.4.2　结果与分析

（1）蓝莓等3种材料总酚酸、总黄酮、总花色苷的含量

由表6-18可知,总酚酸含量,头花蓼显著高于蓝莓和玫瑰茄;蓝莓的总花色苷含量显著高于头花蓼;总黄酮含量,头花蓼＞蓝莓＞玫瑰茄。

表6-18　3种材料总花色苷、总黄酮及总酚酸含量

材料	总花色苷（mg/g FW）	总黄酮（mg RE/g FW）	总酚酸（mg GAE/g FW）
蓝莓	4.157±0.187a	7.754±0.195a	4.615±0.197b
头花蓼	1.479±0.276b	7.879±0.173a	10.413±0.255a
玫瑰茄	—	7.213±0.143ab	3.648±0.132c

（2）蓝莓等3种材料抗氧化活性的分析

由表6-19可知,3种方法得到的抗氧化活性的强弱顺序均为:头花蓼＞蓝莓＞玫瑰茄,头花蓼在3种材料中抗氧化活性最强。

表 6-19　3 种单一材料抗氧化活性的测定结果

材料	DPPH（μmol TE/g FW）	ABTS（μmol TE/g FW）	FRAP（μmol TE/g FW）
蓝莓	291.679	159.250	299.565
头花蓼	311.206	190.917	327.176
玫瑰茄	264.865	139.250	269.565

方差分析结果表明：3 种材料的 DPPH 值差异显著（$P<0.05$）；FRAP 值差异显著（$P<0.05$）；ABTS 值差异显著（$P<0.05$）（图 6-6）。3 种方法测定结果的方差分析结果均说明头花蓼的抗氧化活性显著强于蓝莓和玫瑰茄，蓝莓的抗氧化活性又显著强于玫瑰茄。

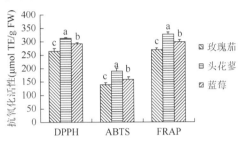

图 6-6　3 种单一材料抗氧化活性差异显著性

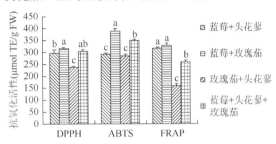

图 6-7　3 种材料不同组合的抗氧化活性差异显著性

由表 6-20 可知，3 种方法测得的抗氧化能力最强的组合均是蓝莓+玫瑰茄，添加了蓝莓的所有组合的抗氧化活性均强于未添加的组合（玫瑰茄+头花蓼）。推测：蓝莓和玫瑰茄中的某些成分具有一定的协同作用；蓝莓在抗氧化中起着重要的作用。

表 6-20　蓝莓等 3 种材料不同组合的抗氧化活性的测定结果

组合	DPPH（μmol TE/g FW）	ABTS（μmol TE/g FW）	FRAP（μmol TE/g FW）
蓝莓+头花蓼	297.558	294.111	318.676
蓝莓+玫瑰茄	315.089	389.944	328.261
玫瑰茄+头花蓼	237.905	286.111	158.696
蓝莓+头花蓼+玫瑰茄	306.202	349.389	260.870

由图 6-7 可知，用 DPPH 法和 ABTS 法测得的玫瑰茄+蓝莓抗氧化活性显著强于其他组合（$P<0.05$），用 DPPH 法和 FRAP 法测得的没有添加蓝莓的组合的抗氧化活性显著弱于添加了蓝莓的所有组合（$P<0.05$）。

（3）蓝莓等 3 种材料综合抗氧化活性的分析

采用 3 种不同的抗氧化能力测定方法得到的数据存在一定的差异，参照 Seeram 等（2008）的研究，用综合抗氧化能力（APC）指数来评价 3 种材料及 4 种组合方式的抗氧化活性的强弱。

根据 APC 指数，抗氧化活性最强的前 3 名分别是：蓝莓+玫瑰茄＞蓝莓+头花蓼＞蓝莓+玫瑰茄+头花蓼（表 6-21）。这显示蓝莓在抗氧化中起着重要的作用。

表 6-21　3 种单一材料及 4 种不同组合的 APC 指数及排序

品种	DPPH APC 指数（%）	ABTS APC 指数（%）	FRAP APC 指数（%）	综合 APC 指数（%）	排序
玫瑰茄	84.06	35.71	82.12	67.30	7
头花蓼	99.40	48.96	99.67	82.68	4
蓝莓	92.57	40.84	91.26	74.89	6
玫瑰茄+头花蓼	75.50	73.50	48.34	82.03	5
蓝莓+头花蓼	94.43	75.42	97.09	88.98	2
蓝莓+玫瑰茄	100.00	100.00	100.00	100.00	1
蓝莓+玫瑰茄+头花蓼	97.20	89.60	79.47	88.76	3

6.5　蓝莓等 3 种材料抑菌活性的分析

6.5.1　材料与方法

头花蓼、玫瑰茄和蓝莓均来自作者实验室试验地，由作者实验室多年栽培保存。2015 年 6 月选取长势基本一致、生长发育良好的头花蓼叶片和玫瑰茄花萼，蓝莓（品种'蓝好'）选取大小均匀、果形正常、无病虫害的成熟果实，大肠杆菌菌株 DH5α、酵母菌 Y_2H Gold 菌株均由西南大学园林花卉实验室提供。

（1）3 种植物粗提物样液的制备

参考吕平等（2010）的方法，称取蓝莓果实、头花蓼的叶片、玫瑰茄花萼各 5g，分别用 70%的甲醇 25ml 在研钵中充分研磨，在 25℃条件下超声 30min，4000r/min 离心 20min，取上清液，残渣再加 70%的甲醇 5ml 重复提取 2 次，用少量 70%的甲醇洗涤残渣，合并上清液，并定容至 50ml，得到浓度为 100mg/ml 的粗提物样液。3 种材料的 4 种组合均为提取液等体积混合。

（2）3 种植物粗提物样液微孔滤膜过滤和灭菌

将 0.22μm 孔径的微孔滤膜装入洗净的塑料滤器中（Cotelle et al.，1996），旋转压平，包装灭菌后备用，然后将灭菌滤器的入口连接在装有提取样液的注射器上，将针头与出口处连接并插入带橡胶塞的试管中，将注射器的待测液加压缓缓挤入无菌的试管中，过滤完毕后将针头拔出，整个操作过程在超净工作台上进行。

（3）培养基配制

LB 液体培养基：蛋白胨 10g，酵母粉 5g，氯化钠 10g，加蒸馏水至 1L。LB 固体培养基：蛋白胨 10g，酵母粉 5g，氯化钠 10g，琼脂 12g，加蒸馏水至 1L。酵母菌固体培养基：YPDA（添加了 0.003%腺嘌呤硫酸盐的酵母浸出粉葡萄糖培养基）5g，加蒸馏水 100ml。酵母菌固体培养基：YPDA 5g，琼脂 1.5g，加蒸馏水 100ml。将以上培养基于高压灭菌锅（121℃，25min）灭菌。

（4）菌种的活化

大肠杆菌菌种活化：取出保存在–80℃冰箱的大肠杆菌菌种，在超净工作台上用无菌牙签挑单菌落转接至 LB 固体培养基平板中，置 37℃恒温培养箱中培养 24h，然后用无菌牙签挑取单菌落转接到装有 LB 液体培养基的无菌锥形瓶中，于 37℃、150r/min 的摇床上培养 24h 后获得活化的菌液。

酵母菌菌种活化：取出保存在–80℃冰箱的酵母菌菌种，在超净工作台上用无菌牙签挑单菌落转接于 YPDA 固体培养基平板中，置 28℃恒温培养箱中培养 48h，然后用无菌牙签挑取单菌落转接到装有 YPDA 液体培养基的无菌锥形瓶中，置于 48℃、170r/min 的摇床上培养 36h 后获得活化的菌液。

（5）抑菌试验

1）滤纸片法：参考张佳等（2009）的方法，在超净工作台上用无菌镊子将已灭菌的直径为 6mm 的滤纸片分别放在 4 个不同浓度梯度（A.37.590mg/ml，B.55.865mg/ml，C.75.750mg/ml，D.100mg/ml）的提取液中充分浸泡，4h 后取出，在无菌风下晾干备用，将已倒好的平板冷却凝固备用，用移液枪吸取 0.15ml 的菌悬液滴入平板中央，用涂布棒均匀涂板。用无菌镊子将已风干的滤纸片每皿放 4 片，基本呈长方形，每个培养皿中放置 3 片相同浓度的滤纸片和一个空白对照（提取剂：70%甲醇）。放入 37℃恒温培养箱中倒置培养 24h，观察菌圈大小，采用十字交叉法用游标卡尺进行测量，重复 3 次，取平均值。

2）液体培养法：将 3 种材料的提取样液配制成 0.000mg/ml、37.590mg/ml、55.865mg/ml、75.750mg/ml、100mg/ml 5 个浓度梯度，分别取 2ml 加入已灭菌的具塞试管中，再分别加入 4ml LB 液体培养基，最后分别加入 200μl 的菌液，在 37℃、150r/min 摇床培养 24h，在 600nm 下测大肠杆菌和酵母菌的吸光度，重复 3 次，取平均值。

3）二倍稀释法：采用吕平等（2010）的二倍稀释法并略加修改。分别取 3 种材料提取样液（100mg/ml）2ml 于 7 支试管中，在第 1 支试管中加入 2ml 液体培养基（细菌用 LB 液体培养基，酵母菌用 YPDA 液体培养基），充分混匀后，吸出 2ml 加入第 2 支试管中，依次二倍梯度稀释至 50mg/ml、25mg/ml、12.5mg/ml、6.250mg/ml、3.125mg/ml。将第 6 支试管吸出 2ml 弃去，加入 0.1ml 菌悬液，再加入 2ml 液体培养基于第 8 支试管中，将第 8 支试管设为空白对照（只有培养基），将第 7 支试管设为生长对照（菌悬液+培养基）。在恒温培养箱中培养观察（大肠杆菌，37℃培养 24h；酵母菌，30℃培养 48h）。

（6）最小抑菌浓度（林稚兰，2000）判定

将培养好的试管取出并充分振荡，用肉眼逐个观察其浑浊度，选择澄清透明的试管并将此试管中的混合液分别划线接种于相对应的固体培养基（LB 或者 YPDA）中，放置于适合温度（37℃或 28℃）的恒温培养箱中培养并观察其生长情况。无菌生长浓度即为其相对应菌株的最小抑菌浓度（MIC）。

分级抑菌浓度（fractional inhibitory concentration，FIC）（Dai and Mumper，2010）为抗菌药药效学（PD）参数之一，FIC 的计算方法为：FIC=MIC(A+B)/MIC(A)+MIC(A+B)/MIC(B)。FIC≤0.05，为协同作用；0.05＜FIC≤1，为部分协同或相加作用；1＜FIC≤2，为无关作用；FIC＞2，为拮抗作用。

（7）数据处理

采用 Excel2016、SPSS22.0 软件进行数据统计分析。所有数据均为 3 次重复，测定结果以平均值±标准差表示。对实验数据进行单因素差异分析（ANOVA）、皮尔森相关性分析，以 $P<0.05$ 为显著（*），$P<0.01$ 为极显著（**）。

6.5.2　结果与分析

6.5.2.1　滤纸片法

（1）3 种单一材料的抑菌性

3 种单一材料不同浓度的粗提物对大肠杆菌和酵母菌均表现出一定的抑制效果（图 6-8，图 6-9，表 6-22），每种材料不同浓度间抑菌圈直径差异基本显著；同一浓度下，头花蓼对大肠杆菌的抑菌效果最强；所有单一材料粗提液对大肠杆菌的抑制效果均强于酵母菌。

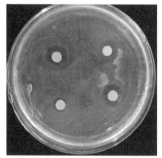 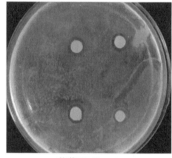 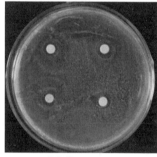

头花蓼(14.92mm)　　　　　　　蓝莓(13.51mm)　　　　　　　玫瑰茄(13.01mm)

图 6-8　头花蓼等 3 种单一材料粗提液的大肠杆菌抑菌圈及直径（D：粗提液浓度 100mg/ml 下的抑菌圈直径）

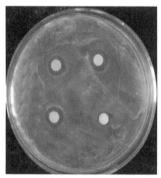 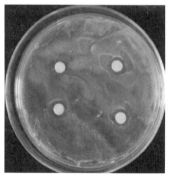 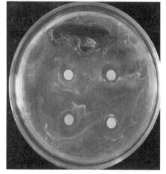

头花蓼(12.76mm)　　　　　　　蓝莓(11.01mm)　　　　　　　玫瑰茄(10.55mm)

图 6-9　头花蓼等 3 种单一材料粗提液的酵母菌抑菌圈及直径（D）

表 6-22　3 种单一材料不同浓度提取液大肠杆菌和酵母菌抑菌圈直径及差异显著性

（单位：mm）

处理	头花蓼		蓝莓		玫瑰茄	
	大肠杆菌抑菌圈	酵母菌抑菌圈	大肠杆菌抑菌圈	酵母菌抑菌圈	大肠杆菌抑菌圈	酵母菌抑菌圈
CK	6.987±0.030e	6.832±0.041e	6.987±0.030d	6.832±0.041e	6.987±0.030d	6.832±0.041e
A	12.106±0.158d	8.930±0.060d	11.012±0.154c	8.990±0.231d	9.987±0.165c	7.850±0.160d
B	12.813±0.143c	9.994±0.141c	12.299±0.129b	10.431±0.121c	10.870±0.056c	8.653±0.133c
C	13.435±0.061b	10.830±0.520b	12.456±0.106b	11.001±0.534b	12.543±0.132b	9.110±0.411b
D	14.923±0.036a	12.760±0.155a	13.510±0.210a	11.010±0.543a	13.010±0.134a	10.550±0.016a

注：不同的小写字母代表显著性差异（$P<0.05$）

（2）3 种材料 4 种组合方式的抑菌活性

3 种材料粗提液的 4 种组合（100mg/ml 等体积混合）的大肠杆菌抑菌圈直径存在显著差异（$P<0.05$）：蓝莓+玫瑰茄+头花蓼粗提液组合对大肠杆菌的抑制效果最强（20.02mm）；添加头花蓼的组合对大肠杆菌的抑制能力均强于未添加头花蓼的组合（图 6-10，图 6-12）。推测头花蓼在抑制大肠杆菌中起了重要作用。

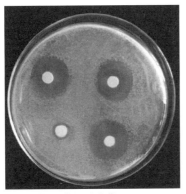

蓝莓+玫瑰茄+头花蓼(20.02mm)

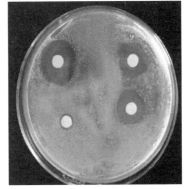

蓝莓+头花蓼(18.26mm)

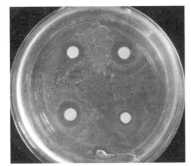

头花蓼+玫瑰茄(15.24mm)

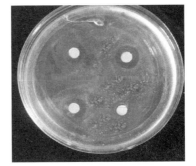

蓝莓+玫瑰茄(14.61mm)

图 6-10　3 种材料不同组合的大肠杆菌抑菌圈及直径（100mg/ml 等体积混合）

　　3 种材料粗提液的 4 种组合（100mg/ml 等体积混合）的酵母菌抑菌圈直径同样存在显著差异（$P<0.05$）：玫瑰茄+头花蓼+蓝莓（14.32mm）对酵母菌的抑制效果最强；添加头花蓼的组合对酵母菌的抑制能力均强于未添加头花蓼的组合（图 6-11，图 6-12）。推测头花蓼在抑制酵母菌中起重要作用。

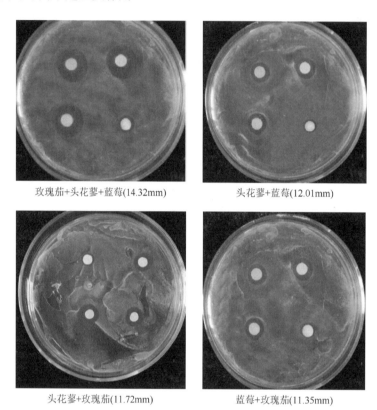

玫瑰茄+头花蓼+蓝莓(14.32mm)　　　　头花蓼+蓝莓(12.01mm)

头花蓼+玫瑰茄(11.72mm)　　　　蓝莓+玫瑰茄(11.35mm)

图 6-11　3 种材料不同组合的酵母菌抑菌圈及直径（100mg/ml 等体积混合）

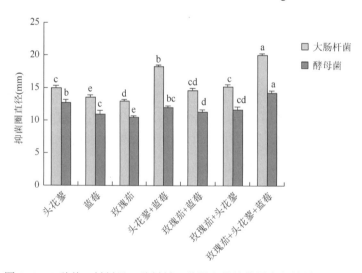

图 6-12　3 种单一材料及 3 种材料 4 种组合的抑菌圈直径的差异显著性

（3）3 种材料抑菌活性的协同性

蓝莓等 3 种材料组合的大肠杆菌抑菌圈直径和酵母菌抑菌圈直径均大于单一材料的理论加和均值，说明 3 种材料组合后对大肠杆菌和酵母菌的抑制能力表现出部分协同或加和效果；添加头花蓼组合的抑菌能力强于未添加的组合（表 6-23），说明头花蓼抑菌的协同作用明显。

表 6-23　3 种材料中 4 种组合抑菌活性的协同性分析　　（单位：mm）

品种	大肠杆菌		酵母菌	
	抑菌圈	理论加和均值	抑菌圈	理论加和均值
头花蓼	14.92±0.036	—	12.76±0.155	—
蓝莓	13.51±0.210	—	11.01±0.543	—
玫瑰茄	13.01±0.134	—	10.55±0.016	—
头花蓼+蓝莓	18.26±0.198	14.215	12.01±0.215	11.885
玫瑰茄+蓝莓	14.61±0.197	13.260	11.35±0.298	10.780
玫瑰茄+头花蓼	15.24±0.276	13.965	11.72±0.172	11.655
玫瑰茄+头花蓼+蓝莓	20.02±0.214	13.814	14.32±0.154	11.440

6.5.2.2　液体培养法

（1）3 种单一材料的抑菌活性

随着在菌液中添加的粗提物浓度的增加，与对照相比，大肠杆菌和酵母菌的吸光度逐渐减小（表 6-24），说明 3 种单一材料均有抑制大肠杆菌和酵母菌增殖的作用；且添加物的浓度越高，抑制效果越明显 [大肠杆菌和酵母菌的浓度与其吸光度呈正相关（李升峰等，2007）]；不同浓度添加物间吸光度差异基本显著；头花蓼对大肠杆菌增殖的抑制效果最强；3 种材料对大肠杆菌增殖的抑制效果均强于酵母菌；液体培养法所得结果与滤纸片法完全一致。

表 6-24　3 种单一材料不同浓度提取液对大肠杆菌和酵母菌的吸光度

处理	大肠杆菌			酵母菌		
	头花蓼	蓝莓	玫瑰茄	头花蓼	蓝莓	玫瑰茄
CK	0.728±0.003a	0.728±0.003a	0.728±0.003a	1.891±0.012a	1.891±0.012a	1.891±0.012a
A	0.484±0.040b	0.525±0.002b	0.522±0.010b	0.975±0.210b	0.724±0.006b	0.596±0.006b
B	0.346±0.001c	0.402±0.030c	0.319±0.016c	0955±0.124c	0.575±0.004c	0.570±0.050b
C	0.204±0.050d	0.263±0.020d	0.246±0.005d	0.627±0.005c	0.452±0.004d	0.442±0.004c
D	0.191±0.003e	0.216±0.030d	0.228±0.030e	0.201±0.009d	0.308±0.003e	0.318±0.003d

注：同列不同的小写字母代表显著性差异（$P<0.05$）

（2）3 种材料的 4 种组合的抑菌活性

玫瑰茄+头花蓼+蓝莓（0.071）组合对大肠杆菌的抑制能力最强，添加头花蓼的组合的抑菌能力强于未添加的组合（表 6-25）；3 种材料粗提液（100mg/ml）的 4 种组合间的吸光度差异显著（$P<0.05$）（图 6-13）。

玫瑰茄+头花蓼+蓝莓（0.159）组合对酵母菌的抑制效果最强，添加了头花蓼的组合的抑菌（酵母）能力强于未添加的组合（表 6-25）；3 种材料粗提液（100mg/ml）的 4 种组合间的吸光度差异显著（$P<0.05$）（图 6-13）。其表现出与大肠杆菌一致的规律。

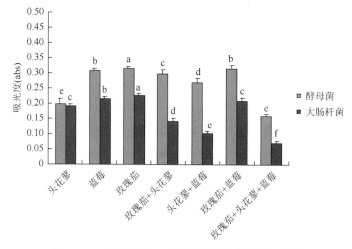

图 6-13　3 种材料及 4 种组合吸光值的差异显著性

（3）3 种材料抑菌效果的协同性

蓝莓等 3 种粗提液的 4 种组合对大肠杆菌的吸光度均小于单一材料的理论加和均值（表 6-25），说明粗提液组合后对大肠杆菌的抑制能力表现出部分协同或加和效果。头花蓼的协同作用比较明显（添加头花蓼组合的吸光值均低于未添加的）（表 6-25）。这与滤纸片法协同性分析结果一致。

蓝莓等 3 种材料粗提液两两组合后对酵母菌的吸光度均大于单一材料的理论加和均值（表 6-25），说明 3 种材料两两组合后对酵母菌的抑制无明显协同效果。而蓝莓+玫瑰茄+头花蓼组合的吸光度小于理论加和均值（表 6-25），说明 3 种材料混合后对抑制酵母菌表现出部分协同或加和效果。

表 6-25　3 种材料及 4 种组合的吸光度及协同性分析

品种	大肠杆菌		酵母菌	
	吸光值	理论加和均值	吸光值	理论加和均值
头花蓼	0.191±0.003	—	0.201±0.003	—
蓝莓	0.216±0.030	—	0.308±0.009	—
玫瑰茄	0.228±0.003	—	0.318±0.003	—
头花蓼+蓝莓	0.102±0.016	0.204	0.268±0.009	0.255
玫瑰茄+蓝莓	0.212±0.012	0.222	0.315±0.007	0.313

品种	大肠杆菌		酵母菌	
	吸光值	理论加和均值	吸光值	理论加和均值
玫瑰茄+头花蓼	0.144±0.014	0.210	0.299±0.008	0.260
玫瑰茄+头花蓼+蓝莓	0.071±0.010	0.212	0.159±0.009	0.276

6.5.2.3　二倍稀释法

（1）3 种单一材料的抑菌活性

蓝莓粗提液对大肠杆菌的 MIC 为 25mg/ml，玫瑰茄和头花蓼为 12.5mg/ml；蓝莓和玫瑰茄粗提液对酵母菌的 MIC 值为 50mg/ml，头花蓼为 25mg/ml；3 种材料对大肠杆菌的 MIC 均小于酵母菌的 MIC（表 6-26）。这说明 3 种材料对大肠杆菌的抑制效果均好于酵母菌，其中头花蓼的抑菌能力最强。这与液体培养法和滤纸片法的结论基本一致。

表 6-26　3 种单一材料的 MIC

浓度（mg/ml）	蓝莓		头花蓼		玫瑰茄	
	大肠杆菌	酵母菌	大肠杆菌	酵母菌	大肠杆菌	酵母菌
100	−	−	−	−	−	−
50	−	−	−	−	−	−
25	−	+	−	−	−	+
12.5	+	+	−	+	−	+
6.5	++	++	+	+	+	++
3.125	++	+++	++	++	++	+++
对照	+++	+++	+++	+++	+++	+++

注："−"表示澄清；"+"表示轻微浑浊；"++"表示较浑浊；"+++"表示浑浊程度最严重

（2）3 种材料组合的抑菌活性及协同性

蓝莓+玫瑰茄+头花蓼、蓝莓+头花蓼、头花蓼+玫瑰茄 3 种组合对大肠杆菌的分级抑菌浓度为 0.05<FIC≤1（表 6-27），说明头花蓼粗提液在抑制大肠杆菌中有部分协同或相加效果。这与滤纸片法和液体培养法的协同性分析结论一致。蓝莓+玫瑰茄+头花蓼组合对酵母菌的 FIC 值为 1，表明蓝莓等 3 种材料混合后对酵母菌的抑制能力表现为部分协同或加和效应。（FIC≤0.05 为协同作用，0.05<FIC≤1 为部分协同或相加作用，1<FIC≤2 为无关作用，FIC>2 为拮抗作用。）

表 6-27　3 种材料及 4 种组合的 MIC 及 FIC　　　　（单位：mg/ml）

品种	大肠杆菌		酵母菌	
	MIC	FIC	MIC	FIC
头花蓼	12.5	—	25	—
蓝莓	25	—	50	—
玫瑰茄	12.5	—	50	—
头花蓼+蓝莓	6.25	0.75	25	1.5
玫瑰茄+蓝莓	12.5	1.5	50	2
玫瑰茄+头花蓼	6.25	1	25	1.5
玫瑰茄+头花蓼+蓝莓	3.125	0.625	12.5	1

6.5.3 讨论

本试验使用的大肠杆菌和酵母菌分别属于细菌和真菌的常见菌种，试验结果显示蓝莓等3种材料的酚类粗提物对大肠杆菌和酵母菌均有一定的抑制作用，但对其他更多的细菌和真菌的作用未知。

本试验使用的蓝莓等3种植物虽然都含有黄酮、花青素和酚酸等物质（Cotelle et al.，1996），但每种植物中的黄酮、花青素和酚酸的单体成分和含量都并不相同。本试验采用未分离的粗提物，也收到了较好的抑菌效果。将来可以深入研究，进一步分离提纯有效成分（姜文洁等，2015；陈燕等，2013；梁晓华等，2010），将会更具有实际应用价值。

（陈玉峰　刘露露　李　凌）

参 考 文 献

陈燕，孙晓红，曹奕，等，2013. 蓝莓抑菌活性研究进展. 天然产物研究与开发，25（5）：716-721.

慈美琳，陈燕，张潇，等，2014. 响应曲面法优化蓝莓花青素提取工艺及其抗氧化活性. 食品工业，35（4）：39-44.

邰海燕，2013. 蓝莓采后品质调控和抗氧化研究进展. 中国食品学报，13（6）：1-3.

韩涛，甘育新，李丽萍，等，1997. 红小豆种皮红色素的提取及其理化性质的研究. 中国粮油学报，12（6）：58-62.

郝纯青，2011. 茄红色素的提取纯化及性质研究. 南昌：南昌大学硕士学位论文.

鄢祎，2012. 单一 pH 法、pH 示差法和差减法快速测定干红葡萄酒中总花色苷含量的比较. 食品工业科技，（23）：323-325.

姜文洁，孙晓红，朱颖，等，2015. 不同产区 18 种蓝莓提取物抗氧化与抑菌作用研究. 食品工业科技，36（1）：119-123.

金英实，朱蓓薇，张或，2003. 食品添加剂对提高越桔色素稳定性的研究. 大连轻工业学院学报，22（2）：118-121.

鞠玉栋，吴维坚，2009. 玫瑰茄的化学成分及其综合利用. 中国园艺文摘，12（11）：171.

李清芳，1997. 虞美人红色素的提取及性质研究. 食品工业科技，（5）：6-8.

李升峰，徐玉娟，张友胜，等，2007. 玫瑰茄花萼抗氧化物的提取工艺. 湖北农业科学，46（2）：130-134.

李升锋，刘学铭，陈智毅，等，2006. 玫瑰茄花萼营养和药理作用研究进展. 食品研究与开发，5（10）：129-133.

李兴元，2012. 蓝莓花青素、多酚类物质的分离纯化与生物活性研究. 天津：天津大学硕士学位论文.

梁晓华，梁晓东，穆琼堂，等，2010. 云南省 4 种蕨类植物提取液的抑菌活性. 基因组学与应用生物学，29（4）：190-194，711-716.

林稚兰，2000. 微生物学. 北京：科学出版社：711-716.

刘洪海，张晓丽，杜平，等，2009.pH 示差法测定'烟73'葡萄中花青素含量. 中国调味品，34（4）：110-117.

刘巍，丁子庆，1991. 几种常见金属离子对姜黄色素稳定性的影响. 食品与发酵工业，（2）：61-64.

刘雪辉，王振，吴琪，等，2014. 高速逆流色谱法分离玫瑰茄中的花色苷. 现代食品科技，30（1）：190-194.

刘翼翔，吴永沛，陈俊，等，2013. 蓝莓不同多酚物质的分离与抑制细胞氧化损伤功能的比较. 浙江大学学报，39（4）：428-434.

刘雨潇，周骁昳，刘峰，等，2011. 玫瑰茄提取物多酚含量与抗氧化作用的研究. 食品研究与开发，32（3）：75-79.

刘志军，戚进，朱丹妮，等，2008. 头花蓼化学成分及抗氧化活性研究. 中药材，31（7）：995-998.

陆国权，吴小蓉，1997. 黑豆皮色素的提取及其理化性质研究. 中国粮油学报，12（3）：53-58.

吕平，黄惠芳，韦丽君，2010. 四种植物提取物的抑菌作用. 食品科技，35（12）：216-219.

邱德文，2005. 中华本草·苗药卷. 贵阳：贵州科学技术出版社：223.

师文添，2010. 玫瑰茄中花青素的超声波提取工艺研究. 食品研究与开发，31（12）：86-88.

师仲，杜莹，廖莉玲，等，2012. 头花蓼总黄酮提取工艺的研究. 湖北农业科学，40（32）：15655-15658.

田瑶，2012. 蓝莓中黄酮类物质的提取分离纯化及生物活性的研究. 哈尔滨：东北农业大学硕士学位论文.

王祥培，万德光，王祥森，等，2006. 不同产地野生与栽培头花蓼中总黄酮的含量分析. 时珍国医国药，17（9）：889-892.

王雪飞，张华，2012. 多酚类植物生理功能的研究进展. 食品研究与开发，33（2）：211-214.

徐剑，张永萍，程双喜，2012. 苗药头花蓼微波提取工艺的研究. 中国民族医药杂志，8（8）：77-81.

徐文欣，2001. 热淋清颗粒治疗尿路感染疗效观察. 时珍国医国药，12（7）：645-646.

闫杏莲，2010. 头花蓼抗氧化活性研究. 中国药房，21（39）：323-326.

杨阳，2009. 甘西鼠尾草及头花蓼化学成分研究. 上海：第二军医大学硕士学位论文.

张佳，王莹，张峰，等，2009. 滤纸片法测定黄花蒿提取物对霉菌的抑制活性. 湖北农业科学，48（5）：1153-1154.

张丽娟，王永林，王珍，等，2012. 头花蓼活性组分化学成分研究. 中药材，35（9）：1425-1428.

中国科学院植物志编写委员会，1991. 中国植物志（第 57 卷第 3 分册）. 北京：科学出版社：75.

竺传松，竺锡武，陈海敏，等，2006. 加拿大一枝黄花提取物抑菌作用初步研究. 湖南农业科学，（4）：76-77.

Almeida M M B, Sousa P H M D, Arriaga Â M C, et al., 2011. Bioactive compounds and antioxidant activity of fresh exotic fruits from northeastern Brazil. Food Research International，44（7）：2155-2159.

Anderson O M，1987. Anthocyanins in fruits of *Vaccinium uliginosum* L(bog whortleberry). J Food Sci，52：665-666.

Benzie I F F，Strain J J，1996. The ferric reducing ability of plasma（FRAP）as a measure of "antioxidant power"：the FRAP assay. Analytical Biochemistry，239（1）：70-76.

Cotelle N，Bernier J L，Catteau J P，et al.，1996. Antioxidant properties of hydroxy-flavones. Free Radical Biology and Medicine，20（1）：35-43.

Dai J，Mumper R J，2010. Plant phenolics：extraction，analysis and their antioxidant and anticancer properties. Molecules，15（10）：7313-7352.

Du Q Z, Jerz G, Winterhalter P, 2004. Isolation of two anthocyanin sambubiosides from bilberry（*Vaccinium myrtillus*）by high-speed counter-current chromatography. Journal of Chromatography A，1045（1-2）：59-63.

Grace M H，Xiong J，Esposito D，et al.，2019. Simultaneous LC-MS quantification of anthocyanins and non-anthocyanin phenolics from blueberries with widely divergent profiles and biological activities. Food Chemistry，277：336-346.

Hendrg G A T，Houghton J D，1992. Natural Food Colourant. 2nd ed. Torquay：Chapman &Hall.

Kim D O，Jeong S D，Lee C Y，2003. Antioxidant capacity of phenolic phytochemicals from various cultivars of plums. Food Chemistry，81（3）：321-326.

Li W X，Liu F，Zhu Z H，et al.，2006. Standardization of method for determination of flavone in tartary buckwheat and its products. *In*：Rufa L，Ikeda K. Proceedings of International Forum on Tartary Buckwheat Industrial Economy. Beijing：China Agricultural Science and Technology Press：38-45.

Markakis P，1983. Anthocyanins as Food Colors. New York：Academic Press Inc.：1-40.

Markham K R，Ternai B，Stanley R，et al.，1978. Carbon-13 NMR studies of flavonoids-III：Naturally occurring flavonoid glycosides and their acylated derivatives. Tetrahedron，34（9）：1389-1397.

Merfort I，Wendisch D，1987. Flavonoid glycosides from *Arnica montana* and *Arnica chamissonis*. Planta Medical，53（5）：434-437.

Osman A M，Younes M E，Mokhtar A，1975. Sitosterol-β-D-galactoside from *Hibiscus sabdariffa*. Phytochemistry，14（3）：829-830.

Howard L R，Clark J R，Brownmiller C，et al.，2003. Antioxidant capacity and phenolic content in blueberries as affected by genotype and growing season. J Sci Food Agric，83：1238-1247.

Seeram N P，Aviram M，Zhang Y J，et al.，2008. Comparison of antioxidant potency of commonly consumed polyphenol-rich beverages in the united states. J Agric Food Chem，56（4）：1415-1422.

Singleton V L，Orthofer R，Lamuela-Raventos R M，1999. Analysis of total phenols and other oxidation substrates and antioxidants by means of Folin-Ciocalteu reagent. Methods in Enzymology，299：152-178.

Tseng T H，Wang C J，Kao E S，et al.，1996. Hibiscus protocatechuic acid protects against oxidative damage induced by tert-butylhydroperoxide in rat primary hepatocytes. Chemico-Biological Interactions，101（2）：137-148.

Zhuang Q K，Scholz F，Pragst F，1999. The voltammetric behaviour of solid 2, 2-diphenyl-1-picrylhydrazyl（DPPH）microparticles. Electrochemistry Communications，1（9）：406-410.

第7章 蓝莓盆栽及家庭简易保存加工

与其他木本果树相比，蓝莓株型矮小，落叶或常绿。在西南地区，蓝莓3月开花，花白色或花冠筒外围略红，新叶略带红色，5月中下旬果实陆续开始成熟，成熟果实呈蓝紫色，深秋霜降后叶色变红，具有很高的观赏价值，在园林环境中具有潜在的、广阔的应用前景，也是新型家庭果树盆栽的重要材料之一。

7.1 果树盆栽概述

果树盆栽是指在人为条件下，人们根据果树生长发育特点和观赏需求，在容器中进行果树栽培。近年来，随着我国园林绿化及花木产业的迅速兴起，果树盆栽产业逐渐朝着商品化、专业化、产业化方向发展。果树盆栽的规模性开发生产，使果树盆栽成为许多地区的一大产业，成为当地经济发展的新亮点。目前国内市场上的果树盆栽主要集中在柑橘、苹果、桃、石榴、葡萄、柿、枣等果树种类上。人们物质生活水平的提高和都市农业及休闲体验农业的迅猛发展，都市微观果园、家庭阳台果园等的不断涌现，对果树盆栽提出了树种更广、品种更多的新要求（房经贵等，2012；王兆毅，1995）。

蓝莓作为近年来备受欢迎的新兴小浆果树种，在果树盆栽市场具有较高的开发利用价值和广阔的开发前景。

大量研究已经证实蓝莓果实具有丰富的营养价值、较高的保健及药用价值，同时，蓝莓作为灌木，株型相对矮小，春可观花及新叶，夏可观果及采摘，秋可观叶，是非常好的果树盆栽新型材料。目前国内蓝莓的开发利用主要集中在四大类：鲜果、冷冻果、色素和加工酒业，市场上蓝莓盆栽较少，意味着蓝莓盆栽的研究开发具有巨大的空间。

7.2 蓝莓盆栽技术研究

果树盆栽重要的技术性限制就是适合的盆栽基质的选择和栽培管理技术。同时果树盆栽的爱好者通常只是业余爱好者，栽培专业技术有限，会让盆栽效果受到限制。为了能让普通爱好者也能比较顺利地栽培蓝莓，我们对蓝莓栽培技术体系进行了研究，希望能研发一套便于掌握的盆栽技术。

西南地区适合栽培的品种的选择：重庆冬季最低温度一般出现在12月底至次年1月初，持续时间不长。经过近20年的观察发现，至少在重庆地区，需冷量大的北高丛蓝莓品种不适宜盆栽，对高温高湿适应性强的南高丛蓝莓和兔眼蓝莓品种可以作为盆栽品种。只是兔眼蓝莓种子较大，食用风味欠佳，树体较高大，大部分品种需要异花授粉，进行盆栽会受到一定限制。南高丛蓝莓品种果实大小均有，品质较好，可不需要授粉树，适宜作为盆栽材料。

盆栽基质：由于蓝莓只有在pH为4.5～5.5的酸性土壤中生长良好，而西南地区土壤类型较多，普通盆栽爱好者专业知识有限，对酸性土壤的选择和利用容易出现偏差。而目前生产中主要采用施硫黄粉来降低非酸性土壤的 pH。蓝莓盆栽主要是在家庭环境中，家庭对硫黄粉的购买和使用均存在很多问题，不易掌握。

如果能够将一些可以酸化土壤的地被植物与蓝莓进行组合盆栽，就可以极大地简化盆栽蓝莓的家庭管理环节。因此，我们选择了西南地区常见的 5 种地被植物，研究了在水培条件下和土壤栽培条件下地被植物根系分泌质子（H⁺）降低环境 pH 的情况，希望能筛选出可以降低土壤 pH 的地被植物来代替硫黄粉。

7.2.1　选择的 5 种地被植物 H^+ 分泌能力比较研究

由表 7-1 可知，在初始 pH 均为 7.50 的培养液中培养两周后，选择的 5 种地被植物均能有效降低培养液的 pH，pH 变化幅度顺序为头花蓼＞吊兰＞三叶草＞福禄考＝万寿菊，说明吊兰、头花蓼和三叶草的质子分泌能力较强。所以最后选定头花蓼、吊兰、三叶草与蓝莓进行组合盆栽，进一步观察栽培效果。

表 7-1　5 种地被植物在 pH 7.50 培养液中培养 14d 后 pH 变化情况

处理	4 月 1 日	4 月 15 日	pH 变化值
1. 吊兰	7.50	7.10	−0.40
2. 福禄考	7.50	7.30	−0.20
3. 头花蓼	7.50	6.80	−0.70
4. 三叶草	7.50	7.20	−0.30
5. 万寿菊	7.50	7.30	−0.20

7.2.2　不同地被植物对土壤 pH 的影响

定期测定的不同组合栽培方式土壤基质的 pH 见表 7-2。由表 7-2 可知：经过搭配三叶草、吊兰和头花蓼栽培 2 个月后的土壤，pH 能由最初的 6.6 左右下降到 4.5 左右，和添加硫黄粉的处理基本一致。其中头花蓼下降程度最大，其次是吊兰和三叶草，与水培试验得出 H⁺分泌能力强弱相符合。结果表明，3 种地被植物可以有效降低两种基质（椰糠∶紫色土=2∶3，油菜秸秆∶紫色土=1∶4）的 pH 至蓝莓正常生长的需求范围，与硫黄粉效果基本相当，可与蓝莓搭配种植，替代硫黄粉。

表 7-2　不同地被植物对土壤 pH 的影响

处理	5 月 15 日	7 月 15 日	9 月 15 日
油菜秸秆+硫黄粉	5.6	4.0	4.5
油菜秸秆+三叶草	6.6	4.9	5.3
油菜秸秆+吊兰	6.6	5.5	5.1

续表

处理	5月15日	7月15日	9月15日
油菜秸秆+头花蓼	6.6	4.2	4.6
椰糠+硫黄粉	5.1	4.3	4.5
椰糠+三叶草	5.8	4.5	4.8
椰糠+吊兰	5.8	4.1	4.7
椰糠+头花蓼	5.8	4.7	4.4

注：紫色土为基础成分

7.2.3　不同地被植物对蓝莓生长发育的影响

根据地被植物的研究结果，从2017年春季开始，利用2016年试验筛选出的改良紫色土效果较好的两种基质（椰糠：紫色土=2∶3，油菜秸秆：紫色土=1∶4）作为盆栽基质，选择了一个南高丛蓝莓品种'Misty'，进一步进行组合栽培试验，在室外自然降雨条件下栽培，观察盆栽蓝莓植株的生长表现和盆栽美观效果，研究适宜的地被植物和蓝莓的配置方式。

试验结果表明：3种地被植物搭配蓝莓组合栽培（表7-3），其中配植了吊兰处理（椰糠+吊兰，油菜秸秆+吊兰）的蓝莓植株生长状况最好。这说明地被植物替代硫黄粉来调节栽培基质的pH以供蓝莓正常生长是可行的。依据蓝莓各项生长指标，椰糠与紫色土体积比2∶3的基质，并搭配吊兰种植的蓝莓生长发育情况最好。

表7-3　不同地被植物对蓝莓植株生长发育的影响

处理	株高增量（cm）	地径增量（mm）	叶面积（cm²）	叶绿素含量（SPAD）
油菜秸秆	26.37±1.93cd	2.00±0.24e	8.67±0.05cd	20.37±0.70f
油菜秸秆+三叶草	29.72±2.45c	2.64±0.13e	9.31±0.04bc	20.92±0.03ef
油菜秸秆+吊兰	42.97±1.35b	4.53±0.12bc	10.80±0.10ab	22.37±0.38bc
油菜秸秆+头花蓼	29.02±1.45c	3.80±0.16cd	8.95±0.04c	21.17±0.67de
椰糠	42.58±2.28b	5.32±0.53ab	9.93±0.23b	21.80±0.03cd
椰糠+三叶草	22.96±1.83cd	4.50±0.25bc	8.86±0.03c	21.70±0.21cd
椰糠+吊兰	69.25±1.83a	5.65±0.70a	11.57±0.12a	23.35±0.21a
椰糠+头花蓼	14.87±2.29d	3.50±0.32d	7.93±0.59d	22.72±0.21ab

注：同一列中不同小写字母表示显著差异（$P<0.05$）

蓝莓除果实具有较强的食用和药用价值外，植株在不同季节均具有一定的观赏性。研究结果表明：在重庆采用椰糠：紫色土=2∶3作为盆栽基质栽培蓝莓，吊兰作为辅材进行组合栽培，可以促进蓝莓植株生长发育。制成的蓝莓盆栽还具有很强的观赏价值，可广泛应用于家庭种植。

7.3　蓝莓盆栽及管理技术

7.3.1　容器的选择

蓝莓喜疏松透气的土壤，家庭盆栽最好选用透气性好的瓦盆和陶盆，有条件的可以使用防腐木制成的木箱，不推荐使用塑料盆和外部上过釉的瓷盆。通常 3 年生蓝莓苗选用内径 25～30cm 的盆，4～6 年生蓝莓选用内径 30～40cm 的盆即可满足栽培要求。蓝莓无明显主根，须根发达，具有围绕盆壁和盆底生长的特点，栽培盆过小，根系的生长容易受到抑制，会影响地上部分的生长发育。蓝莓根系通常分布在 5～30cm 的深度，故栽培盆不宜过浅，深度要求以 30cm 以上为宜。

7.3.2　栽植方法

7.3.2.1　定植时间

盆栽苗定植最好于春季芽萌动前或秋季落叶后进行，需做好栽后水分管理，并适当修剪以提高苗木成活率。西南地区通常是 12 月至次年 3 月前定植，如遇夏秋，一般要在早上或傍晚太阳落山后定植，且要避免烈日下浇水。定植后 2 个月内避免施肥。

7.3.2.2　上盆与换盆

（1）上盆

上盆前，应先取根系发达、茎粗及株高适当、分枝多而均匀、株型美观、生长健壮的苗木。上盆时，先将植株根系土球轻轻取出，在盆内先填入 1/3 的盆土并用手稍压实，放入植株后覆土至盆沿下 3～5cm，轻提苗木使根系舒展，最后压实盆土，置于阴凉处蔽荫处理 1 周左右。上盆后定根水分要及时、灌透。通常蓝莓裸根苗成活率不高，建议使用营养钵苗或直接购买商品盆栽苗。

（2）换盆

通常盆栽木本植物在盆内生长多年后，盆土易累积有害物质和缺乏养分，不利于植株的生长发育，而且随着地上部树冠的加大，根系也需要较大的生长空间，因此及时换盆对蓝莓的生长结果非常必要。根据蓝莓苗的生长情况，2～3 年换盆一次即可。换盆前，先将蓝莓植株从原盆中带土球取出，对地上部分进行适度修剪，观察带土球的根部，尽量不伤根。在新盆底部铺一层陶粒或经过处理的椰糠，再铺一层配制好的新的营养土，然后将蓝莓植株放入新盆内，填入营养土将根部全部覆盖，并及时浇透水。

7.3.3　管理技术

7.3.3.1　水分管理

（1）灌水时间及判断方法

蓝莓无明显发达的主根，多须根，而且根系生长速度缓慢，喜湿润且排水良好的土壤。在西南地区，根据盆土的湿度，建议春秋 5～7d 进行一次灌溉，夏季 1d 一次，入冬后减少灌溉量以便进入休眠。生长季浇水应在上午 10 点前或下午 5 点后进行，冬季或早春应在午后气温较高时进行，避免盆土温度的剧烈变化。应特别注意的是 7～9 月西南气候炎热，此时段蓝莓生长迅速，及时补水极为重要。最好选择在清晨进行灌溉，将盆置于光照充足之处，重庆等特殊地区 8 月的正午如果有遮阴条件则更好。

蓝莓缺水时会出现叶片发红的症状，这时需要尽快浇水，而且必须在植株出现萎蔫以前进行灌水。盆栽果树由于盆土体积有限，炎热夏季极易缺水干旱，需经常检查并及时浇灌。简单的判定是否需要浇灌的方法是：观察盆土表面颜色，土表颜色发白，用手或小铲子插入盆土，轻轻翻一下土壤，观察较下层土壤的颜色，如果颜色也发白就需及时浇水。浇水量应达到上下一致湿润，看到水从盆底排水孔流出即可。盆土含水量保持在 60%最佳（即抓土可捏成团，松手轻碰即散），注意尽量不较长时间积水。或者用铅笔或木棒轻轻敲击盆壁，如果声音清脆悦耳，说明盆土比较干燥，需要及时浇灌；如果声音低沉发闷，说明土壤含水量较大，无须浇灌。

（2）水质和水源要求

蓝莓喜酸性土壤，灌溉水 pH 过高会改变土壤环境的酸碱度，造成蓝莓生长不良。生产中除天然降水浇灌外，比较理想的是池塘水或水库水。家庭盆栽灌溉用水一般都是自来水或井水。通常使用的井水和自来水往往 pH 较高，而且 Ca^{2+}、Cl^-含量高，长期使用会影响蓝莓的生长发育。因此建议井水、自来水最好在敞口容器内放置几天并添加适量硫黄粉再用于浇灌。

7.3.3.2　施肥管理

通常认为蓝莓需肥量不高，盆栽蓝莓由于容器体积有限，蓝莓须根较发达，频繁换盆对生长影响较大。推荐在盆栽前，在栽培基质中添加足够量的底肥，底肥以腐熟的菜籽饼、兔粪等为佳。定植完成后，施肥应根据树势谨慎确定，在春季果实迅速膨大期可以少量使用硫酸铵和磷酸二氢钾，不施用氯化铵、氯化钾等含氯化肥和硝酸铵、碳酸铵等。秋季落叶后可以在盆土中埋入适量腐熟的有机肥。方法与栽培管理章节中的介绍一致。

7.3.3.3　光照

蓝莓属于长日照植物，生长期需要充足的光照时间和强度。如果长期生长在遮阴的环境中，会影响生长发育，所以南面阳台种植蓝莓较适宜。但是重庆等地 8 月阳光过强，最好正午能遮阴，尽量避免正午时段阳台的瓷砖墙面等过强的反射光灼伤蓝莓叶片。在西南地区，尤其是重庆，夏季阳光强烈，刚抽发的新叶和新梢易被强光灼伤，出现焦枯状。如果发现刚抽发的新梢焦枯，用枝剪剪除枯枝即可。

7.3.3.4　温度

南高丛蓝莓在西南地区春夏秋 3 季均保持旺盛生长，冬季常绿不落叶，盆栽蓝莓放在室外即可安全越冬，无须移入封闭阳台。

7.3.4　整形修剪

刚移入盆的蓝莓一般株型较小，枝条不多，为了促发新梢，可以在秋季和冬季进行重修剪，地上部留 20～30cm 即可，剪除下部细弱枝条，抹去花芽。待春季新梢长出后，根据整体情况进行整形。在整形过程中注重枝干与整体的造型，保留 3～6 个主枝，合理自然、株型饱满。

蓝莓幼树的整形修剪原则：促发新梢、培养主枝、尽快扩大树冠、控制产量。盆栽 3～5 年或以上的植株可根据生长情况，打顶控制株高，拉枝和扭枝，疏去内部细密弱枝和结过果的老枝，保持树体内部通风透光、树体饱满自然的造型，使蓝莓盆栽具有较好的观赏效果。

蓝莓成年树的修剪原则：疏剪结合、改善光照、均衡树体长势、提高产量。

盆栽蓝莓可根据情况 1 年修剪 1 或 2 次，可以在生长期和休眠期进行修剪。生长期修剪可以在夏季采收后进行，以疏枝、拉枝为主，改善光照，控制树体形状。休眠期修剪可在秋冬季进行，修剪量应比生长季大，首先剪除病虫枝、枯枝、下部细弱枝，生长旺盛的树体可适当回缩，以免树形太高。生长势较弱的需要剪去过多的结果枝，或抹去花芽。

7.4　蓝莓的家庭保存

蓝莓夏季成熟，果实比较柔软多汁，室温长期保存较为困难。通常情况下，蓝莓在西南地区成熟时间在 6 月，此时气温已经在 25℃以上，刚采摘的鲜果无任何其他防护措施可以室温保存 1 周左右，在 5℃冰箱可以保存 2 周左右。如需更长时间保鲜，以上条件均无法达到。0℃保鲜时间也无法延长保质期。

在家庭中，如需长期食用鲜果，可用-18℃冰箱或冰柜冷冻长期保存。

如需在冰柜中冷冻长期保存，鲜果采摘应在露水完全消失后进行，保果面完全干燥最佳。

试验发现，在冰箱冷冻保存 1 年，蓝莓鲜果的营养成分和抗氧化能力均无明显降低。果实解冻后与酸奶拌食，口感依然不错。也可以解冻后用榨汁机或破壁机鲜榨果汁饮用，可以根据个人口味加入糖、蜂蜜等。还可以与其他水果或蔬菜混合榨汁饮用。

表 7-4 是 2014 年测定的产于重庆万州区高山地区（海拔 1000m 左右）的南高丛蓝莓'南好'的分析结果。2013 年的果实在-18℃冰柜冷冻一年，2014 年的果实为现采的鲜果。总糖含量测定采用蒽酮比色法，总酸测定采用 NaOH 滴定法，总酚含量测定采用 Folin-Ciocalteu

法，采用 pH 示差法测定总花色苷含量，采用 FRAP 法测定样品总抗氧化能力。由于果实品质与成熟期气候密切相关，本书中附上 2013 年和 2014 年的气象资料（表 7-5）。

表 7-4　蓝莓果实总糖、总酸、总酚、总花色苷、总抗氧化能力

样品	总糖（%）	总酸（%）	总酚（mg/g FW）	总花色苷（μmol/g FW）	总抗氧化能力（μmol/g FW）
2013	9.63	1.06	1.83	2.75	22.97
2014	6.95	0.88	1.81	2.17	21.22

表 7-5　2013 年和 2014 年 5 月、6 月天气情况统计表（重庆）

指标	2013.05	2013.06	2014.05	2014.06
日均温（℃）	23.8	28.6	21.9	25.7
月平均昼夜温差（℃）	8.6	10.5	6.8	6.9
日照天数	10	14	6	4

1）2013 年蓝莓冷冻果总糖含量为 9.63%，是 2014 年的 1.39 倍。

2）2013 年蓝莓冷冻果总花色苷含量为 2.75μmol/g FW，是 2014 年的 1.27 倍。

3）2013 年、2014 年果实总酚含量差异不显著。

4）蓝莓果实的总抗氧化能力与总花色苷含量存在线性正相关，相关系数为 R^2=0.9903。

5）–18℃冷冻保存几乎不会影响蓝莓果实的营养价值，是一种较好的家庭储存方法。

7.5　蓝莓的家庭简易加工

7.5.1　果酱或混合果酱

可以根据个人喜好，将蓝莓鲜果单独或混合一定比例其他水果放于洁净无油的锅内，放入 10% 的水，添加或不加糖，将锅置于电炉或天然气炉上，小火慢煮，边煮边用洁净的不锈钢勺搅拌，可轻轻按压，熬煮 30min 以上即可。如需保存时间较长，熬煮时间可略加长。

保存器皿以玻璃瓶为佳，玻璃瓶及盖子可放在干净的锅内加水煮开 10min 以上，注意用冷水慢慢煮开，不可将玻璃瓶直接放入开水中，以免玻璃瓶炸裂伤手。待温度不烫手时将玻璃瓶取出倒置沥干水分备用。

待器皿水分基本干后，将果酱用勺舀入玻璃瓶后迅速将同样灭过菌的盖子盖严拧紧，置于冰箱冷藏室即可。

7.5.2　果干

将鲜果在干净平摊器物上摊开，在烈日下连续暴晒几天，待果实干缩至自己认为合适的程度，用食品袋包装置于冰箱冷藏室即可。

7.5.3　果酒发酵和白酒浸泡

果酒发酵要求较高的厌氧条件，保存条件要求也较高。在西南地区家庭可以选用最常用的瓦罐或泡菜坛，清洗干净并晾干后，把清洗过并晾干水分的蓝莓鲜果倒入，可以外加3%左右的白糖或冰糖，也可完全不加糖，然后密封。泡菜坛是最好的容器，坛口外沿加水即可造成完美的厌氧环境。然后将瓦罐或泡菜坛置于室内放置 1～3 个月即可，其间最好不要开启坛口，要随时注意保持坛口外沿的清洁和水量，保证水完全淹没坛口。

西南地区尤其是四川的泡菜坛是家庭制作发酵果酒完美的容器，其不透光可以保护水果的天然色素不被光分解，还可以形成很好的厌氧条件。发酵好的果酒还可以较长时间地存放在泡菜坛内。如需压榨过滤另行存放，一定注意所有环节的所用器皿和介质的消毒清洁及厌氧存放，建议尽快饮用完毕。保存环境以低温较好。

（张　晴　李雪松　鲁　艳　李　凌）

参 考 文 献

代汉萍，刘海广，李亚东，2012. 小浆果安全生产技术指南. 北京：中国农业出版社.

房经贵，崔舜，韩建，2012. 果树盆栽盆景制作. 北京：化学工业出版社.

李亚东，郭修武，张冰冰，2011. 浆果栽培学. 北京：中国农业出版社.

王兆毅，1995. 果树盆栽与盆景技艺. 北京：中国林业出版社.

Haynes R J, 1985. Growth and nutrient uptake by highbush blueberry plants in a peat medium as influence by pH, applied micronutrients and mycorrhizal inoculation. Scientia Horticulturae, 27: 285-294.